U0158927

智能电能表现场校验

百问百答

主　编　赵　磊

副主编　李海涛　仝　霞　周文斌

编　写　王　诜　冯国峥　赵　成　洪沅伸　郭　帅　李雪城

　　　　靳　阳　解进军　步志文　刘　恒　董　宇　王广克

　　　　刘占元　吕付刚　张　伟　陈文志

中国电力出版社
CHINA ELECTRIC POWER PRESS

内 容 提 要

　　本书主要依据《中华人民共和国计量法》《中华人民共和国计量法实施细则》《电子式交流电能表检定规程》《电力互感器检定规程》等法律、法规、技术规范为基础编写，整体知识脉络按照由基础知识到专业问题，由计量通用知识到现场具体问题的形式展开。本书主要内容包括计量基础知识、电能计量器具工作原理、现场校验安全作业、现场校验操作、现场校验工作流程、错接线判别与纠正、新型现场校验技术共七章。

　　本书可供从事电能计量、电能表运维等相关人员参考使用。

图书在版编目（CIP）数据

智能电能表现场校验百问百答/赵磊主编. —北京：中国电力出版社，2023.12
ISBN 978-7-5198-8186-3

Ⅰ.①智… Ⅱ.①赵… Ⅲ.①智能电度表—校验—问题解答 Ⅳ.①TM933.4-44

中国国家版本馆 CIP 数据核字（2023）第 185907 号

出版发行：中国电力出版社
地　　址：北京市东城区北京站西街 19 号（邮政编码 100005）
网　　址：http://www.cepp.sgcc.com.cn
责任编辑：张　瑶（010-63412503）
责任校对：黄　蓓　马　宁
装帧设计：王红柳
责任印制：石　雷

印　　刷：廊坊市文峰档案印务有限公司
版　　次：2023 年 12 月第一版
印　　次：2023 年 12 月北京第一次印刷
开　　本：889 毫米×1194 毫米　32 开本
印　　张：4.5
字　　数：129 千字
定　　价：28.00 元

前言

随着电子技术的飞速发展，电能表的类型也不断升级迭代。从1881年爱迪生利用电解原理发明了世界上第一块直流电能表，到1889年第一块机械感应式电能表问世，经过20世纪60年代日本发明的全电子化电能表，直到2010年前后我国全面推广智能电能表，电能表的应用已走过百余年的历程，智能电能表的现场运行可靠性也逐步受到关注。现场校验是电能表运行可靠性评价的重要手段，现场校验是指运维人员带着相关设备到达现场，采用不停电、不拆表的方式对运行中电能表进行误差、功能查验。

电能表的智能化程度越来越高，复杂性也随之增加，但与智能电能表相关的技术资料并没有跟上技术进步的步伐，也因这个初衷开始编写本书。本书采用问答形式展现具体内容，在降低阅读枯燥性的同时也便于读者快速定位具体问题，为读者解决现场技术问题提供高效指引。

本书主要依据《中华人民共和国计量法》《中华人民共和国计量法实施细则》《电子式交流电能表检定规程》《电力互感器检定规程》等法律、法规、技术规范为基础编写，整体知识脉络按照由基础知识到专业问题，由计量通用知识到现场具体问题的形式展开。本书主要内容包括计量基础知识、电能计量器具工作原理、现场校验安全作业、现场校验操作、现场校验工作流程、错接线判别与纠正、新型现场校验技术七章。

由于作者水平有限，书中难免存有疏漏或不妥之处，恳请读者批评指正。

编者
2023年6月

目录

第一章

计 量 基 础 知 识

第一节 基 础 知 识

▶▶ 1. 什么是计量?

"计量"在中国古代被称为"度量衡",度,即长度测量;量,即体积测量;衡,即重量测量。在现代按 JJF1001—2011《通用计量术语及定义》,计量是指"实现单位统一、量值准确可靠的活动"。这一活动十分的广泛,它涉及工农业生产、科学技术、法律法规、行政管理等,通过计量获得的测量结果是人类活动中重要的信息源之一。

▶▶ 2. 计量的目的及特点是什么?

计量的目的是实现单位的统一和量值准确可靠,最终目的是为国民经济和科学技术的发展服务,维护国家和人民的利益。

计量的特点包括准确性、一致性、溯源性、法制性。

准确性:是指测量结果与被测量真值的接近程度,它是开展计量活动的基础,只有在准确的基础上才能达到量值的一致。

一致性:计量的基本任务是保证单位的统一与量值的一致。计量单位统一和单位量值一致是计量一致性的两个方面。单位统一是量值一致的前提,量值一致是量值在一定不确定度内的一致,是在统一计量单位的基础上,无论在何时、何地、采用何种方法、使用何种测量仪器以及由何人测量,只要符合有关要求,其测量结果都应在给定的区间内一致。

溯源性:为了实现量值一致,计量强调溯源性,溯源性是确保单位统一和量值准确可靠的重要途径。指任何一个测量结果或计量标准的量值,都能通过一条具有规定不确定度的连续比较链与计量基准联系起来。

法制性：由政府纳入法制管理，确保计量单位的统一。

>>> 3. 我国的计量法律法规体系是如何构建的？

计量是经济建设、科技进步和社会发展中的一项重要的技术基础，我国形成以《中华人民共和国计量法》为基本法，若干计量行政法规、规章以及地方性计量法规、规章为配套的计量法律法规体系。在我国的计量法律、计量行政法规和计量规章中，对我国计量监督管理体制、法定计量检定机构、计量基准和标准、计量检定计量器具、产品商品量的计量监督和检验、产品质量检验机构的计量认证等计量工作的法制管理要求，都以计量法律责任做出了明确的规定。计量法律法规体系如图 1-1 所示。

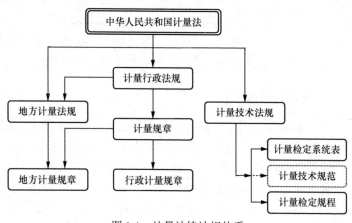

图 1-1　计量法律法规体系

>>> 4. 什么是计量单位？

计量单位是指为定量表示同种量的大小而约定地定义和采用的特定量。各种物理量都有它们的量度单位，并以选定的物质在规定条件显示的数量作为基本量度单位的标准，在不同时期和不同的学科中，基本量的选择可以不同，如物理学上以时间、长度、质量、温度、电流强度、发光强度、物质的量这 7 个物理单位为基本量，它们的单位名称依次为：秒、米、千克、开尔文、安培、坎德拉、摩尔。

▶▶ 5. 计量单位的名称与符号有哪些?

每个计量单位都有规定的名称和符号,以便于世界各国统一使用。如表 1-1~表 1-4 所示,为中华人民共和国法定计量单位所列出的单位名称与符号。

表 1-1　　　　　　　　　　SI 基本单位

量的名称	量的符号	单位名称	单位符号	
			符号	中文符号
长度	L	米	m	米
质量	m	千克(公斤)	kg	千克
时间	t	秒	s	秒
电流	I	安 [培]	A	安
热力学温度	Θ	开 [尔文]	K	开
物质的量	n	摩 [尔]	mol	摩
发光强度	J	坎 [德拉]	cd	坎

表 1-2　　　　　国际单位制中具有专门名称的导出单位

量的名称	单位名称	单位符号
平面角	弧度	rad
立体角	球面积	sr
频率	赫 [兹]	Hz
力	牛 [顿]	N
压力,压强,应力	帕 [斯卡]	Pa
能 [量],功,热量	焦 [耳]	J
功率,辐 [射能] 通能	瓦 [特]	W
电荷 [量]	库 [仑]	C
电压,电动势,电位	伏 [特]	V
电容	法 [拉]	F
电阻	欧 [姆]	Ω
电导	西 [门子]	S
磁通 [量]	韦 [伯]	Wb
磁通 [量] 密度,磁感应强度	特 [斯拉]	T
电感	亨 [利]	H
摄氏温度	摄氏度	℃

续表

量的名称	单位名称	单位符号
光通量	流 [明]	lm
[光] 照度	勒 [克斯]	lx
[放射性] 活度	贝可 [勒尔]	Bq
吸收剂量	戈 [瑞]	Gy
剂量当量	希 [沃特]	Sv

表 1-3　　　　　　国家选定的非国际单位制单位

量的名称	单位名称	单位符号	与国际单位关系
时间	分 [小] 时 天（日）	min h d	1min=60s 1h=60min=3600s 1d=24h=86400s
[平面] 角	[角] 秒 [角] 分 度	$''$ $'$ $°$	$1''=(\pi/64800)rad$ $1'=60''=(\pi/64800)rad$ $1°=60'=(\pi/180)rad$
旋转速度	转每分	r/min	$1r/min=(1/60)s^{-1}$
长度	海里	n mile	1n mile=1852m （只用于航程）
速度	节	kn	1kn=1n mile/h=(1852/3600)m/s （只用于航行）
质量	吨 原子质量单位	t u	$1t=10^3kg$ $1u≈1.660540×10^{-27}kg$
体积	升	L,(l)	$1L=10^{-3}m^3=1dm^3$
能	电子伏	eV	$1eV≈1.602177×10^{-19}J$
极差	分贝	dB	/
线密度	特 [克斯]	tex	$1tex=10^{-6}kg/m$
面积	公顷	hm^2,ha	$1hm^2=10^4m^2$

表 1-4　　　　　　倍数单位和分数单位的词头

因数	词头名称	国际符号	因数	词头名称	国际符号
10^{12}	太 [拉]	T	10^{-1}	分	d
10^9	吉 [咖]	G	10^{-2}	厘	c
10^6	兆	M	10^{-3}	毫	m
10^3	千	k	10^{-6}	微	μ
10^2	百	h	10^{-9}	纳 [诺]	n
10^1	十	da	10^{-12}	皮 [可]	p

▶▶ 6. 我国法定计量单位是如何构成的？

我国法定计量单位的构成如图 1-2 所示。

（1）国际单位制（SI）基本单位（7 个）；

（2）国际单位制中包括辅助单位在内的具有专门名称的导出单位（21 个）；

（3）我国选定的可与国际单位制单位并用的非国际单位制单位（16 个）；

（4）由以上单位构成的组合形式的单位；

（5）由词头和以上单位构成的倍数单位和分数单位（十进倍数和分数单位）。

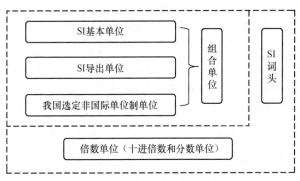

图 1-2　我国法定计量单位的构成

▶▶ 7. 我国法定计量单位有什么特点？

我国法定计量单位的特点：结构简单明了，科学性强，比较完善具体，但留有余地。它完整系统地包含了国际单位制，与国际上采用的计量单位协调一致，并使用方便，易于广大人民群众掌握和进行推广。

我国的法定计量单位都是以国际单位制单位为基础，结合我国的国情，选定了 16 个非国际单位制单位，其中 10 个是国际计量大会认可的，允许与国际单位制并用，其余 6 个也是各国普遍采用的单位。这有利于国际接轨与交流，同时，也考虑到我国人民群众的习惯，把公斤和公里作为法定单位名称，可与千克和千米等同使用。

▶▶ 8. 什么是测量？

测量是人类认识和揭示自然界物质运动的规律、借以定性区别和定量描述周围物质世界，从而达到改造自然和改造世界的一种主要手段。按 JJF1001—2011《通用计量术语及定义》，测量就是"通过实验获得并合理赋予某量一个或多个量值的过程"，即以确定量值为目的的一组操作或过程。测量不适用于标称特性，测量意味着量的比较并含实体的计数。测量的先决条件是对测量结果预期用途适应的量的描述，测量程序是以确定量值为目的的一组操作或过程。

▶▶ 9. 什么是测量仪器？

测量仪器又称为计量器具，是指"单独或与一个或多个辅助设备组合，用于进行测量的装置"，它是用来测量并能够得到被测对象量值的一种技术工具或装置。一台可单独使用的测量仪器是一个测量系统。测量仪器可以是指示式测量仪器，也可以是实物量具。为了达到测量的预定要求，测量仪器必须具有符合规范要求的计量学特性，特别是测量仪器的准确度必须符合规定要求。

▶▶ 10. 测量的过程及方法是什么？

测量过程是测量活动的一个过程，是根据输入的测量要求，经过测量活动，得到并输出测量结果的全部活动。输入是过程的依据和要求（包括资源）；输出是过程的结果，是由有资格的人员通过充分适宜的资源所开展的活动将输入转化为输出。

测量方法就是测量原理的实际应用，是指对测量过程中使用的操作所给出的逻辑性安排的一般性描述，就是根据给定测量原理实施测量时，概括说明的一组合乎逻辑的操作顺序。

▶▶ 11. 电压测量的方法和设备有哪些？

（1）电压测量的方法一般分为直接测量法和间接测量法两种。

1）直接测量法在测量过程中，能从仪器、仪表上直接读出被测参量的波形或数值。

2）间接测量是先对各间接参量进行直接测量，再将测得的数值代入公式，通过计算得到待测参量。

（2）测量电压的仪器一般包括：

1）电压表。电压表可以用来测量直流电压、低频交流电压，其测量方法简便，精度较高，是测量电压的基本方法。测量交流电压大小的仪表统称交流电压表。交流电压表分为模拟式电压表与数字式电压表两大类。模拟式电压表是先将交流电压经过检波器转换成直流电压后推动微安表头，由表头指针指示出被测电压的大小。

2）示波器。示波器直接测量法是直接从屏幕上量出被测电压波形的高度，然后换算成电压值，又称为标尺法。示波器比较测量法就是用已知的标准电压波形与被测电压波形进行比较求得被测电压值。

3）电压互感器。电压互感器和变压器很相像。电压互感器变换电压的目的是给测量仪表供电，用来测量线路的电压、功率和电能。

4）霍尔电压传感器。变频电压在控制领域常采用霍尔电压传感器测量，在高精度计量领域一般采用变频功率传感器测量。

▶▶ 12. 电流测量的方法有哪些？

（1）电阻采样法。用电阻做采样，一般是将电阻放置在需要采样电流的位置，通过测量电阻两端的电压值来反馈，进而确定电路中的电流大小。采样电阻的阻值一般要求比较小，这样才能让放进去的电阻不影响原电路中电流大小，以确保采样精准。

（2）互感检测法。互感检测法一般用在交流高电压大电流场合。在互感电路中，当主绕组流过大小不同电流时，副绕组就感应出相应的高低不同的电流，将副绕组的电流数值读出，就可以计算出流经主绕组的电流。

（3）霍尔电流传感器。霍尔电流传感器基于磁平衡式霍尔原理，从霍尔元件的控制电流端通入电流，并在霍尔元件平面的法线方向上施加磁感应强度为 B 的磁场，那么在垂直于电流和磁场方向（即霍尔输出端之间），将产生一个电势，称为霍尔电势，其大小正比于控制电流端通入的电流。

（4）罗格夫斯基线圈（简称罗氏线圈）。罗氏线圈是一种交流电流传感器，是一个空心环形的线圈，有柔件和硬性两种，可以直接套在被测量的导体上来测量交流电流。罗氏线圈测量电流的理论依据是法拉第电磁感应定律和安培环路定律,当被测电流沿轴线通过罗氏线圈中心时,在环形绕组所包围的体积内产生相应变化的磁场。罗氏线圈适用于较宽频率范围内的交流电流的测量,对导体、尺寸都无特殊要求,具有较快的瞬间反应能力,广泛应用在传统的电流测量装置如电流互感器无法使用的场合,用于电流测量,尤其是高频、大电流测量。

（5）光纤电流传感器。随着光纤技术和材料科学的发展而产生的光纤电流传感系统,因具有很好的绝缘性和抗干扰能力、较高的测量精度、容易小型化、没有潜在的爆炸危险等一系列优越性,而受到人们的广泛重视。光纤电流传感器的主要原理是利用磁光晶体的法拉第效应。通过对法拉第旋转角的测量,可得到电流所产生的磁场强度,从而可以计算出电流大小。

▶▶ 13. 量值传递与量值溯源的区别是什么?

量值传递和量值溯源是同一过程的两种不同的表达,量值传递和量值溯源互为逆过程。为使量值传递和量值溯源真正有效,在每个量的传递链或溯源链中都要规定每一级的测量不确定度,从而使量值在传递过程中准确度的损失尽可能小。量值传递与量值溯源的区别如表 1-5 所示。

表 1-5　　　　　　　量值传递与量值溯源的区别

因素	量值传递	量值溯源
性质	量值传递体现强制性,强调从国家建立的基准或最高标准向下传递	量值溯源体现自发性,量值溯源强调从下至上寻求更高的测量标准,追溯求源到国家或国际基准
环节	严格的等级,层次较多,中间环节多,容易造成准确度损失	不按严格的等级,中间环节少,根据用户自身的需求,不受等级限制。可以逐级或越级溯源
依据	计量检定规程(国家、地方、行业)或校准技术规范	校准技术规范、计量检定规程、测量技术标准、说明书及双方协议等
方式	通过对计量器具的检定或校准	采用连续不间断的"比较链",可采取检定、校准、实验室间比对或能力验证或测量审核等多种方式
对象	测量仪器(计量器具)	测量仪器测量结果的"量值"

▶▶ 14. 处理计量纠纷所进行的仲裁检定以哪个机关检定的数据为准?

处理因计量器具准确度所引起的纠纷即仲裁检定。县级以上人民政府计量行政部门负责计量纠纷的调解和仲裁检定,并可依据司法机关、合同管理机关、涉外仲裁机关或者其他单位的委托,指定有关计量检定机构进行仲裁检定。涉及计量纠纷,按《仲裁检定和计量协调办法》及《关于印发<仲裁检定申请书>等格式样式的通知》处理。

政府计量行政部门在受理仲裁检定申请后,应确定仲裁检定的时间地点,指定法定计量检定机构承担仲裁检定任务,并发出仲裁检定通知。纠纷双方在接到通知后,应对与纠纷有关的计量器具实施保全措施,即不允许以任何理由破坏其原始状态。进行仲裁检定应有当事人双方在场,无正当理由拒不到场,可进行缺席仲裁检定。

仲裁检定必须使用国家基准或社会公用计量标准,依据国家计量检定规程,或政府计量行政部门指定的检定方法文件进行。有些情况下,为使仲裁检定结果更具有说服力,可取国家基准或社会公用计量标准的校准和测量能力小于等于被检计量器具最大允许误差绝对值 MPEV 的五分之一。仲裁检定需在规定的时限内完成,出具仲裁检定证书。

当事人一方或双方对一次仲裁检定结果不服的,可向上一级政府计量行政部门申请二次仲裁检定,二次仲裁检定即为终局仲裁检定。如果承担仲裁检定的检定人员有可能影响检定数据公正的应当回避,当事人也有权以口头或书面方式申请其回避。

第二节 检定、校准和检测

▶▶ 15. 什么是检定、校准和检测?

(1)检定:是指查明和确认测量仪器符合法定要求的活动,它包括检查加标记和出具检定证书。计量检定是指为评定计量器具的计量性能,确定其是否合格所进行的全部工作。这些工作包括通过实验以及数据处理检查其计量性能技术指标是否合格,以及根据检查结果给予加标记（或）出具证书等。

（2）校准：是在规定条件下的一组操作，其第一步是确定由测量标准提供的量值与相应示值之间的关系；第二步则是用此信息确定由示值获得测量结果的关系，这里测量标准提供的量值与相应示值都是具有测量不确定度的。校准可以用文字说明、校准函数、校准图、校准曲线或校准表格的形式表示。某些情况下可以包含示值的具有测量不确定度的修正值或修正因子。校准不应与测量系统的调整相混淆，也不应与校准的验证相混淆。

（3）检测：是对给定商品，按照规定程序确定某一种或多种特性、进行处理或提供服务所组成的技术操作。法定计量检定机构从事的计量检测，主要是指计量器具新产品和进口计量器具的型式评价，定量包装商品净含量及商品包装和零售商品称重计量检验，以及用能产品的能源效率标识计量检测。

▶▶ 16. 检定、校准、检测之间有什么区别？

（1）对象目的不同：从定义就可以看出检定是对计量器具全面评定且自上而下的量值传递过程，评定测量装置的误差范围是否在规定的误差范围之内；而校准和检测是面向产品或设备，对照计量标准，评定测量装置的示值误差，确保量值准确，属于自下而上量值溯源的一组操作。

（2）性质不同：检定属于强制性的执法行为，属法制计量管理的范畴，其中的检定规程、检定周期等全部按法定要求进行；校准不具有强制性，属于组织自愿的溯源行为。这是一种技术活动，可根据组织的实际需要，评定计量器具的示值误差，为计量器具或标准物质定值的过程。组织可以根据实际需要规定校准规范或校准方法，自行规定校准周期、校准标识和记录等。检测依据指定的方法，通过对产品特性参数进行检查、测量或试验，以确定其是否符合相应要求的活动。检测适用于各种行业、各种产品和各种参数的评定。

（3）依据不同：检定必须到有资格的计量部门或法定授权的单位进行，依据国家颁布的检定规程进行操作；校准的方式可以采用组织自校、外校，或自校加外校相结合的方式进行，可以依据国家颁布的检定规程，也可以自行编写。检测时主要依据的检测标准包括国家标准、行业标准、地方标准、企业自行制定的标准等。

（4）周期不同：检定的周期必须按检定规程的规定进行，组织不能自行决定，属于强制性约束的内容；校准周期由组织根据使用计量器具的需要自行确定，可以进行定期校准，也可以不定期校准，或在使用前校准，校准周期的确定原则应是在尽可能减少测量设备使用风险的同时，维持最小的校准费用，可以根据计量器具使用的频次或风险程度确定校准的周期。检测的周期没有统一的规定，视具体对象各自规定检测周期。

（5）内容不同：检定的内容是对测量装置的全面评定，要求更全面，除了包括校准的全部内容之外，还需要检定有关项目；校准的内容和项目，只是评定测量装置的示值误差，以确保量值准确。检测的对象是产品参数，使用的工具是计量器具。

（6）结论不同：检定必须依据检定规程规定的量值误差范围，给出测量装置合格与否的判定，超出检定规程规定的量值误差范围为不合格，在规定的量值误差范围之内则为合格，检定的结果是给出检定合格证书；校准的结论只是评定测量装置的量值误差，确保量值准确，不要求给出合格或不合格的判定，校准的结果可以给出校准证书或校准报告。检测是判断产品质量是否合格，确定产品质量等级或产品缺陷的严重性程度，为质量改进提供依据，出具的报告是产品参数的检测报告。

（7）法律效力不同：检定的结论具有法律效力，可作为计量器具或测量装置检定的法定依据，检定合格证书属于具有法律效力的技术文件；校准的结论不具备法律效力，给出的校准证书只是标明量值误差，属于一种技术文件。检测当供需双方因产品质量问题发生纠纷时可作为判定质量责任的依据。

17. 如何正确选择检定、校准、检测？

（1）检定：属于国家强制检定目录的送检，主要用于有法制要求的场合。检定具有法制性，其对象是《中华人民共和国强制检定的工作计量器具目录》中所列的计量器具，包括计量标准器具和工作计量器具，可以是实物量具、测量仪器、标准物质和测量系统。在这个目录以外的计量器具、测量仪器都不是强制检定的对象。

（2）校准：校准的对象是测量仪器（计量器具）、测量系统、实物量具或标准物质。测量系统是指一套组装的并适用于特定量在规定区间内给出测得值信息的一台或多台测量仪器，通常还包括其他装置，诸如试剂和电源。

（3）检测：法定计量检定机构从事的计量检测，主要是指计量器具新产品和进口计量器具的型式评价、定量包装、商品净含量及商品包装和零售商品称重计量检验，以及用能产品的能源效率标识计量检测。

18. 检定、校准、检测依据的技术文件有哪些？

按照《计量法》第十条规定，检定必须依照国家计量检定系统表和计量检定规程。国家计量检定系统表和国家计量检定规程由国务院计量行政部门制定。如无国家计量检定规程，则依据国务院有关主管部门和省、自治区、直辖市人民政府计量行政部门分别制定部门计量检定规程和地方计量检定规程。

校准根据顾客的要求选择适当的技术文件。首选是国家计量校准规范，如无国家计量校准规范，可使用公开发布的国际的、地区的或国家的技术标准或技术规范，或依据计量检定规程中的相关部分，也可以选择知名的技术组织或有关科学书籍和期刊最新公布的方法，或由设备制造商指定的方法以及实验室依据 JJF 1071《国家计量校准规范编写规则》自编的校准方法，这些校准方法文件应经确认后使用。

检测依据的技术文件包括：

（1）计量器具新产品或进口计量器具型式评价应使用国家统一的型式评价大纲。国家统一的型式评价大纲是依据 JJF 1015—2014《计量器具型式评价通用规范》和 JJF 1016—2014《计量器具型式评价大纲编写导则》由专业人员制定的。对没有国家统一制定的型式评价大纲，也没有在计量检定规程中规定型式评价要求的新产品的型式评价，可由承担任务单位的计量技术人员，依据上述两个技术规范自行编制该产品的型式评价大纲，经本单位技术负责人审查批准后使用。

（2）定量包装商品净含量的检验应依据 JJF 1070—2005《定量

包装商品净含量计量检验规则》进行，没有国家统一制定的计量技术规范时，按国际标准、国家标准或由省以上计量行政部门规定的方法执行。

（3）食品和化妆品商品包装检验应依据 JJF 1244—2010《食品和化妆品包装计量检验规则》进行。

（4）用能产品能源效率标识检测应根据国家统一颁布的 JJF 1261.1—2017《用能产品能源效率计量检测规则》系列技术规范执行。

19. 检定、校准和检测人员的资质有什么要求？

每个检定、校准、检测项目至少应有两名具有相应能力，并满足有关计量法律法规要求的检定或校准人员。从事检定、校准、检测的人员应经过必要的培训，具备相关的基础知识、法律知识和实际操作经验。检定、校准和检测人员应按有关的规定，经考核合格并授权后，持有效证件上岗检定、校准。检定、校准、检测人员应具有相应的能力和满足计量法律法规要求的资质证明，包括政府计量行政部门颁发的"计量检定人员证"和"一级（或二级）注册计量师资格证书"或"注册计量师注册证"。

20. 检定、校准和检测的环境条件有什么要求？

实施检定、校准、检测时的环境条件是指进行实验时实验室或实验场地的环境条件，如照明、电源、温度、湿度、气压、灰尘、电磁干扰、噪声、振动等。为了达到检定、校准、测量、检测结果的准确可靠，适合的环境条件是必不可少的。因为很多计量标准器具复现的量值，要在一定的温度、湿度、电压、气压等条件下才能保证达到规定的准确度。有些检定或校准结果要根据环境条件的参数进行修正，而有的干扰如电磁波、噪声、振动、灰尘等，如不加以控制，将严重影响检定校准结果的准确性。因此，在各种计量器具的检定规程、校准规范、检测方法文件中，都分别规定了相应的环境条件要求，检定、校准和检测实验室或实验场地都分别满足不同的检定、校准、检测项目的不同环境要求。

》》21. 如何开展计量标准的选择和仪器设备的配备？

进行检定时要按照检定规程中检定条件对计量标准、计量基准和配套设备的规定；进行校准时要按照校准规范中校准条件对计量基准、计量标准和配套设备的规定；进行型式评价时要按照型式评价大纲所有检测项目对仪器设备的规定；进行定量包装商品净含量或商品包装计量检验时要按照检验规程中不同种类定量包装商品净含量检验设备的规定；进行用能产品能源效率标识检测时，要按照能源效率标识检测的规定配备仪器。所配备的仪器设备应满足规程、规范、大纲、检验规则和检测规则的准确度要求，并具有经过检定、校准且在有效期内的检定、校准证书，贴有表明检定、校准状态的标识。

》》22. 检定证书、校准证书、检测报告之间有何区别？

检定证书：机构进行检定工作必须按计量检定印证管理办法的规定，出具检定证书或加盖检定合格印。当被检定的仪器已被调整或修理时，应保留调整或修理前后的检定记录，并报告调整或修理前后的鉴定结果。当检定结论为"不合格"时，出具证书名称为"检定结果通知书"，其结论为"不合格"或"见检定结果"，只给出检定日期，不给有效期，在检定结果中指明不合格项，其他要求与"检定证书"相同。

校准证书：机构进行校准工作应出具校准证书，并应符合相关的技术规范的规定。校准证书应仅与量值和功能性检测的结果有关。校准证书中给出校准值或修正值时，应同时给出他们的不确定度。校准证书中如遇做出符合某规定的说明时，应指明符合或不符合该规范的哪些条款。如果校准过程中对被校准对象进行了调整或修理，应报告调整或修理前后的校准结果。如果客户需要对校准结果给出符合性判断，应指明符合或不符合所依据文件的哪些条款。关于校准间隔，如果是计量标准器具的溯源性校准，应按照计量校准规范的规定给出校准间隔。除此以外，校准证书上一般不给出校准间隔建议，如果客户有要求时，可在校准证书上给出校准间隔。校准证书内容在表达结束时应有终结标志。

检测报告：进行计量器具新产品或进口计量器具型式评价试验后，根据 JJF 1015—2014《计量器具型式评价通用规范》附录 A 的要求，出具"计量器具型式评价报告"。进行定量包装商品净含量计量检验时，应依据 JJF 1070《定量包装商品净含量计量检验规则》系列规范出具计量检验报告。进行食品和化妆品商品包装计量检验时，应根据 JJF 1244—2010《食品和化妆品包装计量检验规则》附录中要求出具检验报告。进行用能产品能源效率标识计量检测时，应根据 JJF 1261《用能产品能源效率标识计量检测规则》系列技术规范出具检测报告。

第三节 电 能 计 量

23. 电能计量方式有哪些？

（1）高供高计（高压供电，高压侧计量）：指我国城乡普遍使用的国家电压标准 10kV 及以上的高压供电系统，使用 630kVA 及以上受电变压器的大用户为高供高计，须经高压电压互感器（TV）、高压电流互感器（TA）计量。电表额定电压：3×100V（三相三线三元件）或 3×100/57.7V（三相四线三元件），额定电流：1（2）A、1.5（6）A、3（6）A。计算用电量需乘高压 TV、TA 倍率。

（2）高供低计（高压供电，低压侧计量）：指 35、10kV 及以上供电系统，有专用配电变压器的大用户，供电容量在 500kVA 及以下为高供低计。须经低压电流互感器（TA）计量。电表额定电压 3×380V（三相三线二元件）或 3×380V/220V（三相四线三元件）。额定电流 1.5（6）A、3（6）A、2.5（10）A。计算用电量须乘以低压 TA 倍率。

（3）低供低计（低压供电，低压侧计量）：指城乡普遍使用，经 10kV 公用配电变压器供电用户，供电容量在 100kVA 及以下为低供低计。电能表额定电压：单项 220V（居民用电），3×380V/220V（居民小区及中小动力和较大照明用电），额定电流：5（20）A、5（30）A、10（40）A、15（60）A、20（80）A 和 30（100）A，用电量直接从电表内读出。

>>> 24. 电能计量装置的组成有哪些?

电能计量装置是一种专门用于测量、记录电能量的计量设备,在电能的生产、变送、监控、统计和使用等环节中必不可少。电能计量装置是由计量装置的仪表、设备及其相互间的连接装置所组成。

组成电能计量装置的仪器仪表通常包括:各种类型电能表(有功电能表,无功电能表,多费率电能表)、计量用电压表、最大需量表、失压计时仪、电流互感器、电压互感器及其二次导线、电能计量柜(箱)等。

>>> 25. 电能计量装置是如何进行分类的?

运行中的电能计量装置按其所计量电能的多少和计量对象的重要程度分五类(Ⅰ、Ⅱ、Ⅲ、Ⅳ、Ⅴ)进行管理。

(1)Ⅰ类电能计量装置。220kV 及以上贸易结算用电能计量装置,500kV 及以上考核用电能计量装置,计量单机容量 300MW 及以上发电机发电量的电能计量装置。

(2)Ⅱ类电能计量装置。110(66)～220kV 贸易结算用电能计量装置,220～500kV 考核用电能计量装置。计量单机容量 100～300MW 发电机发电量的电能计量装置。

(3)Ⅲ类电能计量装置。10～110(66)kV 贸易结算用电能计量装置,10～220kV 考核用电能计量装置。计量 100MW 以下发电机发电量。发电企业厂(站)用电量的电能计量装置。

(4)Ⅳ类电能计量装置。380V～10kV 电能计量装置。

(5)Ⅴ类电能计量装置。220V 单相电能计量装置。

>>> 26. 电能表在电能计量装置中的作用是什么?

电能表是用来测量电能的仪表,俗称电度表、火表、千瓦小时表,电能表在电路中的作用是测量一段时间内的用电量。

使用电能表时要注意,在低电压(不超过 500V)和小电流(几十安)的情况下,电能表可直接接入电路进行测量。在高电压或大电流的情况下,电能表不能直接接入线路,需配合电压互感器或电流互感器使用。

电能表常见的类型有感应式机械电能表、电子式电能表和智能电能表。

（1）感应式机械电能表其工作原理为根据电磁感应原理，电表通电时，在电流线圈和电压线圈产生电磁场，在铝盘上形成转动力矩，通过传动齿轮带动计度器计数，电流电压越大，转矩越大，计数越快，用电越多。铝盘的转动力矩与负载的有功功率成正比。

（2）电子式电能表是利用电子电路来测量电能。用分压电阻或电压互感器将电压信号变成可用于电子测量的小信号，用分流器或电流互感器将电流信号变成可用于电子测量的小信号，利用专用的电能测量芯片将变换好的电压、电流信号进行模拟或数字乘法，并对电能进行累计，然后输出频率与电能成正比的脉冲信号；脉冲信号驱动步进马达带动机械计度器显示，或送微计算机处理后进行数码显示。

（3）智能电能表是一种新型全电子式电能表，由测量单元、数据处理单元、通信单元等组成，具有电能量计量、信息存储及处理、实时监测、自动控制、信息交互等功能。与传统电能表相比，智能电能表具备强大的通信、数据管理与存储、密钥及安全身份认证等新功能。智能电能表能提供多套费率，针对不同季节、时区及节假日可分别设置不同的用电方案，并能记录用户用电负荷曲线，帮助用户优化用电方案，制订节电计划。智能电能表的应用，不仅能实现用户信息的"全覆盖、全采集、全费控"，还将促进电能计量、抄表、收费、检查工作的准确性、标准化、自动化，全面提升供电服务水平。

27. 互感器在电能计量装置中的作用是什么？

互感器的作用是将高电压或大电流按比例变换成标准低电压或标准小电流，以便实现测量仪表、保护设备及自动控制设备的标准化、小型化。同时互感器还可用来隔开高电压系统，以保证人身和设备的安全。

电力系统为了传输电能，往往采用交流电压、大电流回路把电力送往用户，无法用仪表进行直接测量。互感器的作用，就是将交流电压和大电流按比例降到可以用仪表直接测量的数值，便于仪表直接测量，同时为继电保护和自动装置提供电源。电力系统用互感器是将电网高电压、大电流的信息传递到低电压、小电流二次侧的计量、测量仪表及继电保护、自动装置的一种特殊变压器，是一次系统和二次系统的联络元件，其一次绕组接入电网，二次绕组分别与测量仪表、保护装置等互相连接。互感器与测量仪表和计量装置配合，可以测量一次系统的电压、电流和电能；与继电保护和自动装置配合，可以构成对电网各种故障的电气保护和自动控制。互感器性能的好坏，直接影响到电力系统测量、计量的准确性和继电器保护装置动作的可靠性。

此外，在供电用电的线路中，电流相差从几安到几万安，电压相差从几伏起最高达到 110 万伏。为便于二次仪表测量需要转换为比较统一的电流电压，使用互感器起到变流变压和电气隔离的作用。

≫ 28. 电能计量误差如何进行分析与调整？

电能计量装置的误差主要由电能表误差、互感器合成误差、电压互感器二次导线压降引起的误差构成，三者的代数和统称为综合误差。

在实际计量装置中，电能表的误差可以在负荷点下将其误差调至最小，而互感器合成误差和电压互器二次导线压降引起的误差均与实际二次回路的运行参数有关，可通过对相关参数的调整降低其误差，电流互感器、电压互感器的合成误差在额定二次负荷范围内均可用准确度来控制。而电压互感器二次导线压降所造成的误差在综合误差中也占有相当的比例，可以通过电能表、互感器的合理选择来补偿，从而降低计量装置的综合误差。此外，要降低计量综合误差，在新投运和改造的计量装置选型上要求电能表、互感器都必须符合电能计量装置技术管理规程要求，按负荷类别选取适当的准确度等级，并在投产前做好各项测试工作，在以后的运行管理中，还要根据规程规定进行周期检验和故障轮换。

进行误差调整首先要判断仪表是否合格，电能表按用途有单相、三相、有功、无功之分，计量检定规程对不同类型的电能表都有明确的规定。目前电能表检定的主要项目有：直观检查、启动试验、潜动试验、基本误差的测定、绝缘强度试验和走字试验等，每个项目都有具体的要求，检定员只需要按照规章检定即可判断电能表合格与否。日常工作中还会遇到这样的情况，电能表的其他技术指标均合格，但就是基本误差超差，而该技术指标对电能表来说是最为重要的，如果这项指标不准，该表就不能使用。在这种情况下，对电能表进行基本误差调整，使其符合国家计量检定规程的要求，可为用户节约资金。

第四节 测量结果的处理和报告

▶▶ 29. 报告测量不确定度的有效位数及修约规则如何确定？

证书、报告中测量结果的不确定度只保留 1 位或 2 位有效数字。当第 1 位有效数字是 1 或 2 时，最好保留 2 位有效数字，其余情况可以保留 1 位有效数字。按照 GB/T 8170—2008《数值修约规则》：拟舍弃数字的最左一位数字小于 5，则舍去，保留其余各位数字不变；拟舍弃的最左一位数字大于 5，则进一，即保留数字加一；拟舍弃的最左一位数字是 5，且其后有非 0 数字时进一，即保留数字的末位数字加 1；拟舍弃的最左一位数字为 5，且其后无数字或皆为 0 时，若其保留的末位数字为奇数则进一，即保留数字的末位数字加 1；若所保留的末位数字为偶数，则舍去。或者表述为：保留的末位有效数字后面一位非零数字的舍入，按照通用的数字修约规则，以保留数字的末位为单位，如末位后的数字大于 0.5 者末位进一；末位后的数字小于 0.5 者末位不变（即舍弃末位后的数字）；末位后的数字恰为 0.5 者，使末位为偶数（即当末位为奇数时，末位进一，当末位为偶数时，末位不变）。但对于不确定度，比较保险的做法是只入不舍，即末位后的非零数字一律进位。

▶▶ 30. 报告测量结果最佳估计值的有效位数如何确定？

由于测量结果含有测量误差，测量结果的位数应保留适宜，不能太多也不能太少。太多易使人认为测量准确度很高，太少则会损失测量的准确度。测量结果的数值处理和结果表达是测量过程的最后环节，最终报告测量结果的最佳估计值的有效位数，一般修约到与其测量不确定度的末位对齐，即同样的单位情况下，如果有小数点，则小数点后的位数一样，如果是整数，则末位一致。

31. 什么是测量不确定度评定的 GUM 法和 MCM 法？

不确定度是一个合理表征测量结果的分散性参数，测量结果的可用性在很大程度上取决于其不确定度的大小。因此，在给出测量结果时，只有附加不确定度后的说明才是完整和有意义的。同时，测量不确定度评定和表示方法的一致，是科技交流和国际贸易进一步发展的要求，使得不同国家所得到的测量结果可以方便地进行相互比较、相互承认并达成共识。

1993 年，7 个国际组织联合发布《测量不确定度表示指南》（Guide to the expression of Uncertainty in Measurement，GUM）。2008 年，计量学指南联合委员会（CGM）对 GUM 做了修改，并发布了 GUM 的附件 1《用蒙特卡洛法传播概率分布》（Supplement 1:Propagation of distributions using a Monte Carlo method，MCM）。MCM 是一种数值模拟方法，它利用不同分布的随机变量的抽样序列，随机模拟给定问题的概率统计模型实现对不确定度的评定。

32. 完整的测量结果有哪些报告方式？

完整的测量结果可以有两种报告方式：当用 MCM 评定测量不确定度时，以概率密度函数（PDF）的方式报告；当用 GUM 方法评定测量不确定度时，通常以给出"单个测得的量值和一个测量不确定度"的方式报告。

（1）用 GUM 方法评定测量不确定度时，完整的测量结果应包含：①被测量的最佳估计值，通常是多次测量的算术平均值或由函数式计算得到的输出量的估计值；②测量不确定度，说明该被测量量值的分散性或被测量量值所在的具有一定概率的统计包含区间。

例如：测量结果表示为：$Y = y \pm U(k = 2)$。其中 Y 是被测量的量值，y 是被测量的最佳估计值，U 是测量结果的扩展不确定度，k 是包含因子，$k = 2$ 说明若被测量的分布接近正态分布，则被测量的量值在 $y \pm U$ 区间内的概率约为 95%。

（2）在报告被测量量值的测量不确定度时，应对测量不确定度有充分详细的说明，以便人们可以正确利用该测量结果。不确定度的优点是具有可传播性，就是如果第二次测量中使用了第一次测量的测量结果，那么，第一次测量的不确定度可以作为第二次测量的一个不确定度分量。因此给出不确定度时，要求具有充分的信息，以便下一次测量能够评定出其标准不确定度分量。

▶▶▶ 33. 如何报告含扩展不确定度的测量结果？

用扩展不确定度报告测量结果的方法：除基础计量学研究、基本物理常量的测量、复现 SI 的国际比对或有关各方约定采用合成标准不确定度外，通常被测量量值的不确定度都用扩展不确定度表示。尤其工业、商业及涉及健康和安全方面的测量时，都是报告扩展不确定度。因为扩展不确定度可以表明被测量量值所在的一个区间，以及用概率表示在此区间内的可信程度，它比较符合人们的习惯用法。

带有扩展不确定度的测量结果报告的表示：

（1）要给出被测量 Y 的估计值，及其扩展不确定度 $U(y)$ 或 $U_p(y)$，对于 U 要给出包含因子 k 值，对于 U_p 要在下标中给出包含概率 p 值。例如：$p = 0.95$ 时的扩展不确定度可以表示为 U_{95}。必要时还要说明有效自由度 γ_{eff}，即给出获得扩展不确定度的合成标准不确定度的有效自由度，以便由 p 和 γ_{eff} 查表得到 t 值，即 k_p 值；另一些情况下可以直接说明 k_p 值。需要时可给出相对扩展不确定度 $U_{\text{rel}}(y)$。

（2）被测量的最佳估计值及其扩展不确定度的报告形式：

扩展不确定度的报告有 U 或 U_p 两种。

1）$U = kU_c(y)$ 的报告；

2）$U_p = k_p U_c(y)$ 的报告。

（3）相对扩展不确定度的表示：

1）相对扩展不确定度 $U_{\text{rel}} = U/y$；

2）相对不确定度的报告形式举例。①$m_s = 100.02147\text{g}$；$U_{\text{rel}} = 0.70 \times 10^{-6}$，$k = 2$。②$m_s = 100.02147\text{g}$；$U_{95\text{rel}} = 0.79 \times 10^{-6}$。③$m_s = 100.02147\text{g}$ $(1 \pm 0.79 \times 10^{-6})\text{g}$；$p = 95\%$，$\gamma_{\text{eff}} = 9$，括号内第二项为相对扩展不确定度 $U_{95\text{rel}}$。

第二章

电能计量器具工作原理

第一节　单相电能表工作原理

>>> 34. 电能表经历了哪些发展阶段？

感应式电能表：1889 年，德国人布勒泰基于旋转磁场测量交流电能的原理，制作出了无单独电流铁芯的感应系电能表，是世界上最早的感应式电能表。直至 19 世纪末，基于永久磁铁、铝制圆盘等配件制作而成的感应式电能表才趋于完善，基本形成了感应式电能表制造理论体系。感应式电能表利用处在交变磁场的金属圆盘中的感应电流与磁场形成力成正比的原理制成，具有制造简单、可靠性好、价格便宜等特点。经过近百年的改进和完善，通过采用双重绝缘、加强绝缘、双宝石轴承等多种先进技术，显著提升了感应式电能表的运行稳定性和使用寿命，至今仍广泛使用。

机电式电能表：早期电子式电能表由于元器件技术运行稳定性、可靠性无法达到长期使用标准，仍采用感应式电能表的电能测量机构作为电能计量工作元件，并通过光电传感器将电能转换为脉冲，并经电子电路对脉冲进行处理，实现对电能的测量。机电式电能表的显著特点是同时具备电子结构和机械结构，因此也称为机电一体式电能表。机电式电能表自 20 世纪 70 年代初即广泛用于电能计量，它的应用对于分时电价、需量电价等制度的实施和推广起到了积极作用。由于感应式电能测量机构固有的准确度低、使用频率范围窄等缺点，机电式电能表只作为感应式电能表向全电子式电能表发展过程中的一种过渡产品。

电子式电能表：20 世纪 60 年代末，日本杉山桌发明了时分割乘法器并提出了基于时分割乘法器的功率测量原理，并由日本横河首次生产出全电子化电能计量装置，也就是最早的电子式电能表。

近几十年来，大量新型电子元器件的相继出现大大提高了电子式电能表的计量准确性和运行可靠性。同时，由于电子式电能表基于单片机实现电能表整体运行，在功能拓展如多费率计量、数据通信等方面具有显著优势，已经成为各国电能计量工作中应用的主流电能表。

智能电能表：21 世纪初，国家电网有限公司（简称国家电网公司）为了适应智能电网建设，打造通信可靠、功能多样的用电信息采集系统，首次提出了智能电能表的概念，并在 2009 年发布了系列企业标准，对智能电能表的性能、功能、型式规格等做出了明确规定。智能电能表是电子式电能表的进一步发展，在全电子结构的基础上，大大丰富了电能表自身具备的功能，由简单的电能计量功能拓展到了远程控制、数据安全防护、异常监测记录等多种功能，极大提升了智能化水平。

35. 什么是智能电能表？

智能电能表由测量单元、数据处理单元、通信单元等组成，具有电能量计量、信息存储及处理、实时监测、自动控制、信息交互等功能的电能表，是国家电网公司为了满足统一坚强智能电网建设的战略目标和智能电网"信息化、数字化、自动化、互动化"的建设要求，结合国家电网公司现场工作需求研制出的一种先进的电子式电能表。2009 年，国家电网公司发布了智能电能表系列企业标准，首次明确了智能电能表概念。智能电能表具备强大的数据存储、通信、异常监测、数据安全防护等功能，能够根据现场工作要求灵活设置，实现电价调整、结算数据存储、数据上传、异常事件记录和上报、负荷曲线生成和存储、需量生成和存储、预付费、远程费控等多种功能，并基于国网自研的 ESAM 芯片实现数据信息交换时的安全防护，大大提升了现场电能计量、电费抄收、异常排查等工作的工作效率，有力支撑了用电信息采集系统的应用。

36. 什么是本地费控表？

本地费控电能表是在智能电能表本地实现费控功能的电能表。

本地费控电能表支持 CPU 卡、射频卡等固态介质进行充值及参数设置，同时也支持通过虚拟介质远程实现充值、参数设置及控制功能的电能表。即本地费控功能与远程费控功能是本地费控电能表所应具有的两种费控功能，本地费控电能表的费控功能都是在智能电能表内部实现的。

37. 什么是远程费控表？

远程费控电能表，本地主要实现计量功能，不支持本地计费功能；计费功能应由远程的主站/售电系统完成，当用户欠费时由远程主站/售电系统发送跳闸命令，给用户断电；当用户充值后，远程主站/售电系统再发送合闸命令，为用户合闸。

38. 电能表的负荷开关有哪些？

负荷开关可分为内置或外置方式，当采用内置负荷开关时电能表最大电流不宜超过 60A。

采用内置负荷开关时，开关操作时应有消弧措施（硬件或软件），其出口回路应有防误动作和便于现场测试的安全措施。

采用外置负荷开关时，电能表设计一组开关信号。正常工作时，输出的开关信号应维持负荷开关合闸，允许用户用电；当满足控制条件时，输出的开关信号应驱动外置负荷开关动作，中断供电。

39. 智能电能表是如何命名的？

智能电能表命名规则如表 2-1 所示。

表 2-1 　　　　　　　　　智能电能表命名规则

D	D	Z	Y	178	C	Z
电能表	表型	智能	费控（预付费）	注册号	费控方式	通信方式
	D: 单相				C: CPU 卡	Z: 载波通信
	T: 四线				S: 射频卡	G: GPRS 通信
	S: 三线					无: RS485
	H: 组合		M: 模组			J: 微功率无线

40. 目前广泛应用的单相智能电能表包含哪些类型？

单相智能电能表类型分别如表 2-1～表 2-4 所示。

表 2-2　　　　　　　　13 版电能表类型

电表型号	电表名称
DDZY××××-M	2 级单相费控智能电能表（模块—远程—开关内置）
	2 级单相费控智能电能表（模块—远程—开关外置）
DDZY××××	2 级单相费控智能电能表（远程—开关内置）
	2 级单相费控智能电能表（远程—开关外置）
DDZY××××C-M	2 级单相费控智能电能表（模块—CPU 卡—开关内置）
	2 级单相费控智能电能表（模块—CPU 卡—开关外置）
DDZY××××S-M	2 级单相费控智能电能表（模块—射频卡—开关内置）
	2 级单相费控智能电能表（模块—射频卡—开关外置）
DDZY××××C	2 级单相费控智能电能表（CPU 卡—开关内置）
	2 级单相费控智能电能表（CPU 卡—开关外置）
DDZY××××S	2 级单相费控智能电能表（射频卡—开关内置）
	2 级单相费控智能电能表（射频卡—开关外置）

表 2-3　　　　　　　　20 版电能表类型

电表型号	电表名称
DDZY××××C-M	A 级单相本地费控智能电能表（模块—CPU 卡—开关内置）
	A 级单相本地费控智能电能表（模块—CPU 卡—开关外置）
DDZY××××	A 级单相费控智能电能表（远程—开关内置）
	A 级单相费控智能电能表（远程—开关外置）

表 2-4　　　　　　　　智能物联电能表类型

电表型号	电表名称
DDZM××××-M	A 级单相智能物联电能表（远程—开关外置）

注　DDZY××××-M 等型号中的 M 代表模块的统称（GPRS、微功率无线、载波）。

>> 41. 如何通过外观结构区分不同类型的单相电能表?

13 版电能表外观结构如图 2-1~图 2-4 所示。

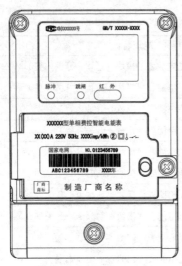

图 2-1 远程不带通信模块
单相费控电能表

图 2-2 本地不带通信模块
单相费控电能表

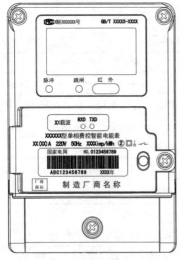

图 2-3 远程带通信模块
单相费控电能表

图 2-4 本地带通信模块
单相费控电能表

20 版电能表外观结构如图 2-5 和图 2-6 所示。

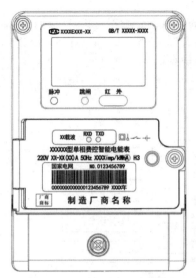
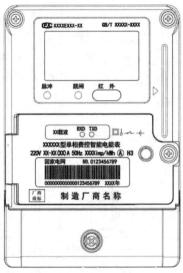

图 2-5 单相远程费控电能表　　　　图 2-6 单相本地费控电能表

A 级单相智能物联电能表如表 2-7 所示。

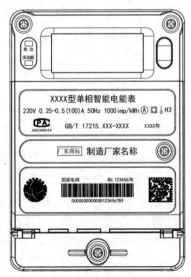

图 2-7 A 级单相智能物联电能表

>>> 42. 单相电能表是如何工作的？

单相智能电表由计量芯片、高速数据处理器、实时时钟、数据接口等设备组成。在高速数据处理器的控制下，通过计量芯片准确获得电网运行各实时参数，并依据相应费率等要求对数据进行处理，其结果保存在数据存储器中，并随时向外部接口提供信息和进行数据交换，其原理框图如图 2-8 所示。

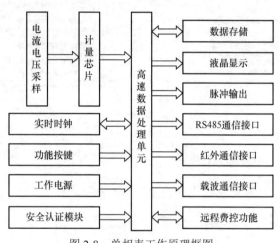

图 2-8　单相表工作原理框图

>>> 43. 单相电能表是如何接线的？

单相电能表端子接线图如图 2-9 所示，打开接线盒，可以看到四个体积较大的接线端子，依次从左至右按 1、2、3、4 进行编号，则一般的接线方式均为 1、3 进线，2、4 出线。首先将电能表布置就位，并对线材下料，下料时留有一定的宽裕。下料后将相线和零线进行绑扎，绑扎过程中严禁出现交叉，扎带的方式是第一条扎带绑紧，从第二条往后的扎带预留可以活动的空间，便于快速绑扎，平均每 7～10cm 绑扎一个。将捆扎好的导线线头对应电流接线孔距离依次将导线弯折，先弯折靠近导线走向的导线。将各个弯折点用扎带捆扎，对齐后按照预留 8～10mm 的长度剪齐（在互感器的一侧视具体情况而定）。将线头剥去绝缘层，裸露的导线长度大约为15～20mm。将标识号头对应电流线头套入导线，按照图 2-9 接入电能表上对应的电流端子并拧紧螺丝，完成接线。

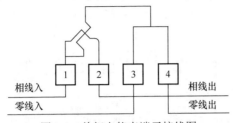

图 2-9　单相电能表端子接线图

>> 44. 智能电能表是如何进行电能计量的？

电能表有功功率是通过对去除直流分量后的电流、电压信号进行乘法、加法、数字滤波等一系列数字信号处理后得到的。有功能量通过瞬时有功功率对时间的积分得到。功率及电能计量公式为

$$P = \frac{1}{N}\sum_{n=0}^{N}[U(n) \times I(n)] \quad Ep = \int p(t)\mathrm{d}t$$ 功率及电能计量原理如图 2-10

所示。

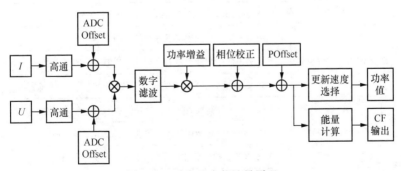

图 2-10　功率及电能计量原理

电能表具有正向、反向有功电能量和四象限无功电能量计量功能，并可以据此设置组合有功和组合无功电能量。四象限无功电能

除能分别记录、显示外，还可通过软件编程，实现组合无功 1 和组合无功 2 的计算、记录、显示。

具有分时计量功能，即可按相应的时段分别累计、存储总、尖、峰、平、谷有功电能、无功电能；具有计量分相有功电能量功能。

第二节　三相电能表工作原理

▶▶ 45. 目前广泛应用的三相智能电能表包含哪些类型？

三相电能表类型如表 2-5～表 2-7 所示。

表 2-5　　　　　　　　　　13 版电能表类型

电表型号	电表名称
DTZY××××-M	1 级三相费控智能电能表（模块—远程—开关内置）
	1 级三相费控智能电能表（模块—远程—开关外置）
	0.5S 级三相费控智能电能表（模块—远程—开关外置）
DTZY××××	1 级三相费控智能电能表（远程—开关内置）
	1 级三相费控智能电能表（远程—开关外置）
	0.5S 级三相费控智能电能表（远程—开关外置）
DTZY××××C-M	1 级三相费控智能电能表（模块—CPU 卡—开关内置）
	1 级三相费控智能电能表（模块—CPU 卡—开关外置）
	0.5S 级三相费控智能电能表（模块—CPU 卡—开关外置）
DTZY××××S-M	1 级三相费控智能电能表（模块—射频卡—开关内置）
	1 级三相费控智能电能表（模块—射频卡—开关外置）
	0.5S 级三相费控智能电能表（模块—射频卡—开关外置）
DTZY××××C	1 级三相费控智能电能表（CPU 卡—开关内置）
	1 级三相费控智能电能表（CPU 卡—开关外置）
	0.5S 级三相费控智能电能表（CPU 卡—开关外置）

续表

电表型号	电表名称
DTZY××××S	1级三相费控智能电能表（射频卡—开关内置）
	1级三相费控智能电能表（射频卡—开关外置）
	0.5S级三相费控智能电能表（射频卡—开关外置）
DTZ××××	1级三相智能电能表
	0.5S级三相智能电能表
	0.2S级三相智能电能表
DSZ××××	0.5S级三相智能电能表
	0.2S级三相智能电能表

表2-6 20版电能表类型

电表型号	电表名称
DTZY××××-M	B级三相费控智能电能表（远程—开关内置）
	B级三相费控智能电能表（远程—开关外置）
	C级三相费控智能电能表（远程—开关外置）
DTZY××××C-M	B级三相本地费控智能电能表（CPU卡—开关内置）
	B级三相本地费控智能电能表（CPU卡—开关外置）
	C级三相本地费控智能电能表（CPU卡—开关外置）
DTZ××××	C级三相智能电能表
	D级三相智能电能表
DSZ××××	C级三相智能电能表
	D级三相智能电能表

表2-7 智能物联电能表类型

电表型号	电表名称
DTZM××××-M	B级三相智能物联电能表
	C级三相费控智能电能表
DHZM××××-M	D级三相智能物联电能表
	E级三相智能物联电能表

注 DTZY××××-M等型号中的M代表模块的统称（GPRS、微功率无线、载波）。

>> 46. 如何通过外观结构区分不同类型的三相电能表?

13 版电能表外观结构如图 2-11～图 2-14 所示。

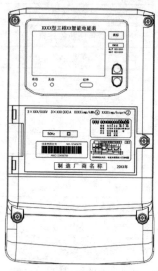

图 2-11　三相智能电能表

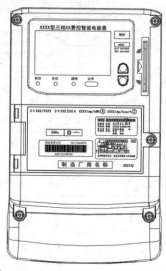

图 2-12　三相本地费控不带通信模块
智能电能表

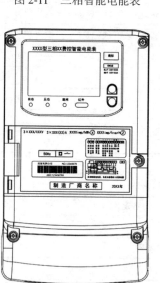

图 2-13　三相远程费控不带通信模块
智能电能表

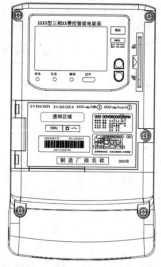

图 2-14　三相本地费控带通信模块
智能电能表

20 版电能表外观结构如图 2-15~图 2-18 所示。

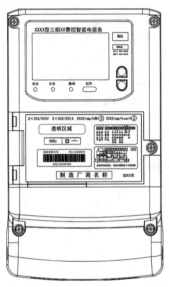

图 2-15　三相远程费控带通信模块
　　　　　智能电能表

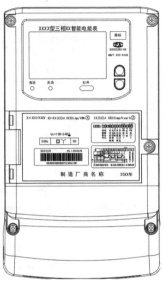

图 2-16　三相智能电能表

图 2-17　三相本地费控智能电能表

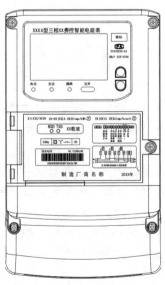

图 2-18　三相远程费控智能电能表

智能物联电能表外观结构如图 2-19 所示。

图 2-19　智能物联电能表外观结构图

47. 三相电能表是如何工作的？

电能表工作时，电压、电流经取样电路分别取样后，送至放大电路缓冲放大，再由计量芯片转换为数字信号，高性能微控制器负责对数据进行分析处理。由于采用高精度计量芯片，计量芯片自行完成前端高速采样，微控制器仅需要管理和控制计量芯片的工作状态。图 2-20 中的高性能微控制器还用于分时计费和处理各种输入输出数据，并根据预先设定的时段完成分时有、无功电能计量和最大需量计量功能，根据需要显示各项数据、通过红外或 485 接口进行通信传输，并完成运行参数的监测，记录存储各种数据。其原理框图如图 2-20 所示。

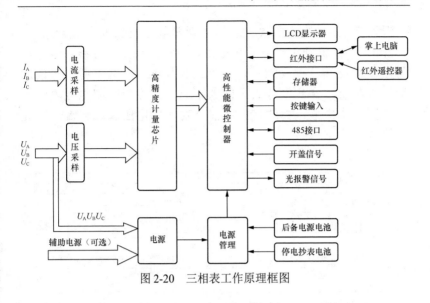

图 2-20　三相表工作原理框图

▶▶▶ 48.　三相电能表是如何接线的？

　　三相电能表分为三相三线电能表和三相四线电能表，主要的接线方式有三种，即直接接入式、经电流互感器接线方式、经电流和电压互感器接线方式。三相电能表的接线原则是：将电流线圈与负载串联，或者是接在电流互感器的二次侧，电压线圈与负载并联或接在电压互感器的二次侧位置，如图 2-21 所示。

　　首先将电能表、电流互感器、联合接线盒等设备安装就位，布置原则是电能表与联合接线盒之间的垂直距离为 15cm，电能表边距大于 4cm。互感器之间的水平距离为 15cm。接下来根据互感器、电压接线桩头到电能表接线盒的距离按照黄、绿、红、黑的相色对线材下料，下料时留有一定的宽裕。下料后将导线绑扎在一起，绑扎过程中严禁出现交叉，扎带的方式是第一条扎带绑紧，从第二条往后的扎带预留可以活动的空间，便于快速绑扎，平均每 7~10cm 绑扎一个。将捆扎好的导线线头对应接线盒各相电压、电流接线孔距离依次将导线弯折，先弯折靠近导线走向的导线。最好对应孔距。将各个弯折点用扎带捆扎，对齐后按照预留 8~10mm 的长度剪齐（在互感器的一侧视具体情况而定)。将线头剥去绝缘层,裸露的导线长度大约为 15~20mm。将标识号头对应各相电压、电流线头套入导线,将导线与接线盒连接,拧紧螺丝。将导线折弯 45°,用尖嘴钳弯成圆形。按照接线盒到电能表之间的距离,参照"三相电能表端子接线图"依次分色拆线接入电能表对应的电压和电流端子,完成接线。

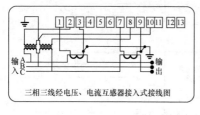

三相三线经电压、电流互感器接入式接线图

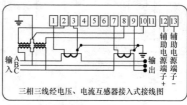

三相三线经电压、电流互感器接入式接线图

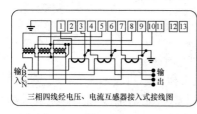

三相四线经电压、电流互感器接入式接线图

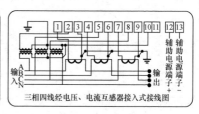

三相四线经电压、电流互感器接入式接线图

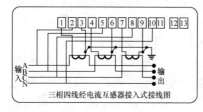

三相四线经电流互感器接入式接线图

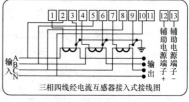

三相四线经电流互感器接入式接线图

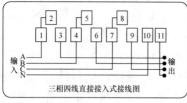

三相四线直接接入式接线图

图 2-21　三相电能表端子接线图

49. 电能表应用范围有哪些?

电能表应用范围如表 2-8 所示。

表 2-8 电能表应用范围

安装环境	电能表适用类型（推荐）
关口	E 级三相智能物联电能表、D 级三相智能物联电能表、C 级三相智能物联电能表、0.2S 级三相智能电能表、0.5S 级三相智能电能表
100kVA 及以上专用变压器用户	
100kVA 以下专用变压器用户	C 级三相智能物联电能表、B 级三相智能物联电能表、0.5S 级三相费控智能电能表、1 级三相本地费控智能电能表、1 级三相远程费控智能电能表
公用变压器下三相用户	1 级三相智能物联电能表、1 级三相本地费控智能电能表、1 级三相远程费控智能电能表
公用变压器下单相用户	2 级单相本地费控智能电能表、2 级单相远程费控智能电能表

50. 目前电能表还有哪些其他表型?

（1）高品质关口表：关口是电网联络线中售购双方确认的电量计量点，是电能量交换的端点，常指发电厂出口、高压变电站联络线以及带有自备电厂的大工业用户与其自备电厂的联络线，用于关口电能计量的电能表称为关口电能表。关口电量交换的形式可以是有功电量，也可以是无功电量或视在电量。

高品质关口表采用 MCU+AD+DSP 方案，具有高精度、高可靠、高稳定性、满足现货交易要求的特点。适用于发电企业上网、跨区联络线、省网联络线及省内下网等关口计量点以及负荷频繁变化的新能源发电上网、电气化铁路和大型工业用户。

（2）导轨式电能表：导轨式电能表是新一代微型智能电能表，采用导轨式安装，结构模数化设计。测量电能及其他电参量，可进行时钟、费率时段等参数设置，并具有电能脉冲输出功能。可用 RS485 通信接口与上位机实现数据交换。

导轨式安装电能表具有体积小巧、精度高、可靠性好、安装方便等优点，性能指标符合国家标准 GB/T 17215.321—2008、GB/T 17215.322—2008 和电力行业标准 DL/T 614—2007《多功能电能表》对电能表的各项技术要求，适用于政府机关和大型公建中对电能的分项计量，也可用于企事业单位作电能管理考核。

（3）直流电能表：直流电能表是针对直流屏、太阳能供电、电信基站、地铁等应用场合而设计的，该系列仪表可测量直流系统中的电压、电流、功率、正向与反向电能。既可用于本地显示，又能与工控设备、计算机连接，组成测控系统。仪表具有 RS485 通信接口，采用 Modbus-RTU 协议。

（4）高压电能表：高压电能表是新型配电网线路的监测、计量装置，实现了配电网高压侧电能直接计量与远动数据实时监测等功能；具有全温度范围内高精度，高可靠，适用范围广等特性；在配电网线路的高压电能直接计量、防窃电管理、配电网数据监测、线损精细化管理、谐波监测等方面独具优势，既满足了智能电网信息化、自动化的要求，又切合了国家低碳降损、节能环保的发展政策。高压电能表广泛用于高压配电架空线路用户侧高压电能计量，高压配电架空线路分段计量考核，高压配电系列线损实时监测系统，高压窃电监测和定位系统，配电网自动化系统线路监测终端，配电变压器损耗实时监测系统等。

（5）光纤数字化电能表：数字化多功能电能表用于基于 IEC 61850-9-1、IEC 61850-9-2 标准建设的智能变电站的三相多功能电能表。该电能表电压电流采样数据都为网络数字信号输入，可与电子式互感器进行无缝连接，实现电量的计量。满足有功 0.2S 级（D 级），无功 0.5S 级的电能计量精度。计量数据采用双路 RS485 总线上传，适用于兼有传统抄表设备与数字化采样的智能变电站计量。

（6）谐波有功电能表：谐波电能表是以高精度基波计量与谐波计量为主的电能表，主要应用于电弧炉、轧机、整流设备、中频炉、电焊机、变频调速设备、光伏发电接入点、商业用户、开关电源、节能灯等带有丰富谐波负荷现场进行全波电能计量、基波电能计量以及谐波电能计量。表计设计有宽频采样、高阶窄带数字滤波技术，能够提供基波与谐波电能计量，保证 0.2S 级全波、基波有功电能计量精度，以及 1 级谐波有功电能计量精度，能够配置全波、基波有无功电量脉冲以及谐波有功电量脉冲输出模式；也可支持稳态电能质量指标在线监测功能，充分满足工业大用户及低压配电网等用户的电能计量及电能质量监测需求。

第三节　电流互感器工作原理

▶▶ 51. 互感器按绝缘介质的不同划分为哪几类?

（1）电流互感器按绝缘介质分类：

1）干式电流互感器。由普通绝缘材料经浸漆处理作为绝缘。

2）浇注式电流互感器。用环氧树脂或其他树脂混合材料浇注成型的电流互感器。

3）油浸式电流互感器。由绝缘纸和绝缘油作为绝缘，一般为户外型。

4）气体绝缘电流互感器。主绝缘由 SF_6 气体构成。

（2）电压互感器按绝缘介质分类：

1）干式电压互感器。由普通绝缘材料浸渍绝缘漆作为绝缘，多用在 500V 及以下低电压等级。

2）浇注式电压互感器。用环氧树脂或其他树脂混合材料浇注成型的电压互感器，多用在 35kV 及以下电压等级。

3）油浸式电压互感器。由绝缘纸和绝缘油作为绝缘，是我国常见的结构型式，常用在 220kV 及以下电压等级。

4）气体绝缘电压互感器。主绝缘由 SF_6 气体构成，多用在超高压、特高压。

▶▶ 52. 电流互感器按安装方式的不同划分为哪几类?

按安装方式可分为：

（1）贯穿式电流互感器，用来穿过屏板或墙壁的电流互感器。

（2）支柱式电流互感器，安装在平面或支柱上，兼做一次电路导体支柱用的电流互感器。

（3）套管式电流互感器，没有一次导体和一次绝缘，直接套装在绝缘的套管上的一种电流互感器。

（4）母线式电流互感器，没有一次导体但有一次绝缘，直接套装在母线上使用的一种电流互感器。

53. 电流互感器按用途的不同划分为哪几类？

按用途分为：测量用电流互感器、保护用电流互感器。

在测量交流大电流的时候，使用测量用电流互感器可以很方便地将所测量的电流转化成为一种比较统一的电流。同时，直接测量线路上的电流电压具有一定的危险性，测量用电流互感器可以很好地解决这一问题，起到了电气隔离的作用。

保护用电流互感器通常都是配合继电保护装置一起使用的，在线路发生短路等故障时会向继电保护装置发出信号，断路器动作切断故障线路，对电力系统起到保护作用。保护用电流互感器的工作电流比线路额定电流大几倍甚至几十倍，因此保护用电流互感器需要具备良好的绝缘性、热稳定性等。

54. 电流互感器的基本结构主要有哪几部分？

电流互感器的基本结构主要由一次绕组、二次绕组、铁芯构成，一次、二次和铁芯之间都有绝缘。最简单的电流互感器，有一个一次绕组、一个二次绕组和一个铁芯，这样的电流互感器也只有一个电流比。为了提高电流互感器的准确度，一般都对电流互感器的误差进行补偿。这样除了上述一次、二次绕组和铁芯之外，有的还另外绕制辅助绕组或加入辅助铁芯。

10kV 以上高压电流互感器为了使用方便，经常把几个独立的互感器铁芯绕组通过公用的一个一次绕组装在一个互感器内，制成多次级电流互感器。这样一台电流互感器就相当于两台或三台互感器，两个或三个次级可以分别用于测量或继电保护。

0.2 级以上精密电流互感器一般都是做成多电流比的，即一台互感器有许多电流比供使用时选择。多电流比互感器的一次绕组或二次绕组都做成中间抽头式的，如果一次（或二次）绕组不变，相应于二次（或二次）的每一个抽头绕组就得到一种电流比，这样一次和二次绕组组合，就有许多电流比。

电流互感器的铁芯有方形铁芯和环形铁芯。方形铁芯填充率要高些，方形铁芯可以节约铁芯硅钢片材料，绕制工艺简单、制作成本低。环形铁芯节约线圈导线，绕制工艺复杂、效率高、成本高，由于其导磁率高，相同功率下体积可以小很多。另外，环形可以分散导线上的幅向电动力，因此具有更强的抗短路能力。

55. 互感器负荷箱通常有几种结构型式？

互感器负荷箱通常有阻抗式和阻抗变换式两种结构型式。

阻抗式负荷箱由电阻和电感元件组成，原理线路如图 2-22 所示；电流互感器负荷箱由阻抗单元串联［见图 2-22（a）］；电压互感器负荷箱由导纳单元并联［见图 2-22（b）］。

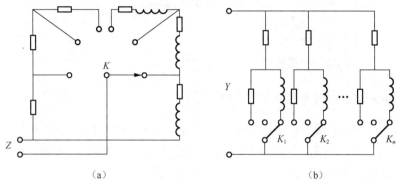

图 2-22　阻抗式互感器负荷箱原理线路

（a）阻抗式电流互感器负荷箱（b）阻抗式电压互感器负荷箱

K 为转换开关；Z 为电流互感器负荷箱的阻抗；Y 为电压互感器负荷箱的导纳。

阻抗变换式电流互感器负荷箱由一个阻抗单元和一个多变比电流互感器构成，原理线路如图 2-23（a）所示。阻抗变换式电压互感器负荷箱由一个导纳单元和一个多变比电压互感器构成，原理线路如图 2-23（b）所示。

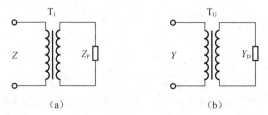

图 2-23　阻抗变换式互感器负荷箱原理线路

（a）阻抗变换式电流互感器负荷箱（b）阻抗变换式电压互感器负荷箱

在图 2-23 中，T_1 为多变比电流互感器；Z_P 为阻抗单元；T_U 为多变比电压互感器；Y_D 为导纳单元。

56. 电流互感器的外观检查中有什么缺陷时需修复后方予检定？

（1）无铭牌或铭牌中缺少必要的标记。

（2）接线端钮缺少、损坏或无标记。

（3）多变比互感器未标不同变比的接线方式。

（4）绝缘表面破损或受潮。

（5）内部结构件松动。

（6）其他严重影响检定工作进行的缺陷。

57. 电流互感器有哪些绝缘等级？

（1）Y 级：指未经浸渍的棉、丝、电工绝缘纸板等材料。

（2）A 级：指浸渍过的或在液体电介质如油中沉浸过的棉、丝、电工纸板等材料。

（3）E 级：指耐热温度高于 A 级绝缘 15℃的各种材料。

（4）B 级：指云母、玻璃纤维、石棉等的粘合材料及其他有机材料经试验能用在 130℃内工作的各种材料。

（5）F 级：指耐热性能高于 B 级绝缘材料 25℃的各种材料。

（6）H 级：指云母、玻璃纤维、石棉、有机树脂粘合材料以及一切经过试验能用在 180℃内工作的各种材料。

58. 互感器包含哪些基本参数？

（1）电流比。一次电流与二次电流的比例，如图 2-24 所示，I_1 为一次电流，I_2 为二次电流；额定一次电流通常情况为：5～10000A；额定二次电流：5A、1A。

电流互感器的一次电流和二次电流都规定有标准值，称为额定一次电流和额定二次电流。额定电流就是在规定的额定电流百分数下，电流互感器可以正常工作。电流互感器绕组中通过的电流值与绕组匝数的乘积就是安匝数。当不考虑电流互感器在转换电流过程中的能量损失时，其一次电流安匝数和二次电流安匝数相等。

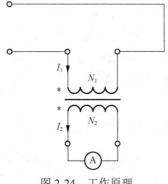

图 2-24　工作原理

（2）额定负荷和额定电压。

1）额定负荷：电流互感器的负荷是电流互感器二次所接电流仪表和连接导线的阻抗之和，包括这些仪表或继电器的阻抗，以及连接导线和连接点的接触电阻等所有二次外接负荷的全部阻抗。电流互感器都根据其准确级规定了标准的负荷，是电流互感器二次负荷允许的最大总阻抗。在线路中，电流互感器的二次负荷安装好后就固定不变。

2）额定电压：它是电流互感器一次绕组对二次绕组和地的绝缘电压，一次绕组所接线路上的线电压是电流互感器工作状态下允许的最大电压。

（3）准确度等级。准确度等级是在规定的二次负荷下，一次电流为额定值时的最大误差限值。

电力互感器典型准确度等级：0.2、0.5、0.2S、0.5S；

精密互感器典型准确度等级：0.05、0.02、0.01；

电流比例标准典型准确度等级：0.005、0.002、0.001。

（4）误差。电流互感器在测量时，实测的二次电流都是按额定电流比折算为一次电流的，这样的折算是有误差的，也就是说电流互感器的实际电流比并不等于额定电流比，二者之间存在差异。电流互感器的一次电流和二次电流都是相量，即有大小有相位，所以电流互感器的误差既有比值差，又有相位差。

比值差：二次电流按额定电流比折算至一次后，与一次电流大小之差，用百分数表示。比值差的定义：

$$f = (I_2 - I_1)/I_1 \times 100\%$$

相位差：一次电流与二次电流的相位之差。二次电流相量超前一次电流相量，相位差为正值；二次电流相量滞后一次电流相量，则相位差为负值。I_2 超前 I_1，δ 为正。I_2 滞后 I_1，δ 为负，单位：分、crad（厘弧）。

》》59. 电流互感器按照电流变换原理分为哪几类？

电流互感器按电流变换原理可分为电磁式电流互感器和光电式电流互感器。

电磁式电流互感器的工作原理与变压器相同，是依据电磁感应原理将一次侧大电流转换成二次侧小电流来测量的仪器。电流互感器是由闭合的铁芯和绕组组成。它的一次侧绕组匝数很少，串在需要测量的电流的线路中。二次侧绕组匝数比较多，串接在测量仪表和保护回路中，电流互感器在工作时，它的二次侧回路始终是闭合的，因此测量仪表和保护回路串联线圈的阻抗很小，电流互感器的工作状态接近短路。电流互感器是把一次侧大电流转换成二次侧小电流来测量，二次侧不可开路。

光电式电流互感器应用光电技术通过光纤传送信息来测量大电流或高电压的互感器。在高电位端，由待测电流或电压调制产生的光信号经光纤传输到低电位端，通过光电变换和电子电路解调，得到被测电流或电压。根据这种装置的工作原理，也可测量处于高电位端的温度、振动、位移等信号。与电磁式互感器相比，光电式互感器具有如下优点：

（1）绝缘结构简单，体积小，重量轻，造价低。

（2）无铁芯、无磁饱和及铁磁谐振引发的问题。

（3）抗电磁干扰性能好，不会有低压侧开路出现高电压的危险。

（4）频率响应范围宽，动态范围大，测量准确度高。

（5）不充油，无燃烧、爆炸等危险。

（6）能适应电力计量与保护的数字化、微机化和自动化的发展潮流。

▶▶ 60. 电流互感器系统误差产生的原因是什么？

系统误差产生的原因包括电流互感器本身和运行使用条件两个方面：

（1）电流互感器本身造成的系统误差是由于电流互感器有励磁电流存在。励磁电流是输入电流的一部分，它不传到二次侧，故形成了变比误差。励磁电流除在铁芯中产生磁通外，还产生铁芯损耗，包括涡流损失和磁滞损失。励磁电流所流经的励磁支路是一电感性的支路，励磁电流与二次输出量不同相位，这是造成角度误差的主要原因。

（2）运行和使用中造成的系统误差是电流互感器铁芯饱和及二次负载过大所致。

影响误差的各种因素包括：

（1）电流对误差的影响：实际上铁芯的磁导率和损耗角都不是常数，在电流互感器正常运行范围内，随着电流的增大，铁芯磁密度增大，磁导率和损耗角也增大。

（2）二次负荷的影响：互感器的误差与二次负荷的大小成正比。实际上当二次负荷减小时，铁芯的磁密度减小，铁芯的磁导率和损耗角也略有减小，所以互感器的误差随着二次负荷的减小而减小，且比差减得多，角差减得少。

（3）线圈匝数对误差的影响：线圈匝数对误差的影响特别显著。

（4）平均磁路长度对误差的影响：误差与平均磁路长度成正比。

（5）铁芯截面积对误差的影响：误差与铁芯的截面积成反比，这主要是因为铁芯的截面积与互感器的励磁阻抗值相关。

（6）铁芯材料对误差的影响：误差与铁芯磁导率成反比。

（7）电源频率对误差的影响：电源频率 f 与误差成反比。

▶▶ 61. 电流互感器如何进行误差的补偿？

电流互感器误差补偿通常采用磁动势补偿法和电动势补偿法。

（1）磁动势补偿：通过外加一个绕组给互感器的另一个绕组提供磁动势，用以补偿互感器的误差。常用的磁动势补偿有匝数补偿和二次绕组并联阻抗补偿等方法。

（2）电动势补偿：将外加的电压或电动势直接串入二次绕组回

路以补偿互感器的误差，常用的补偿方法有磁分路补偿和磁分路短路匝补偿等方法。

电流互感器误差产生的根源在于二次感应电动势和励磁电流。对电流互感器误差的补偿也要从源头着手，即给电流互感器的某一绕组注入补偿电流，形成补偿安匝，安匝也就是磁动势，以补偿励磁电流安匝；或者给电流互感器注入补偿电动势，以降低二次感应电动势，补偿电流互感器的误差。

磁动势补偿就是将一个补偿电流，如图 2-25 所示，输入电流互感器的某个补偿绕组，其匝数为 N_p，给电流互感器提供磁动势，以补偿由铁芯励磁电流安匝所产生的误差。

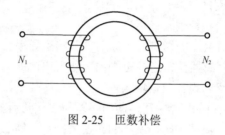

图 2-25　匝数补偿

电动势补偿就是给电流互感器提供一外加电动势或电压，将其直接串联加入电流互感器的二次回路，以补偿原来的感应电动势，使感应电动势减小，误差减小，达到对误差的补偿。

电流互感器的电流与匝数成反比，如果二次绕组比原来额定匝数 N_2 多绕或少绕 N_x 匝，如图 2-26 所示，即二次绕组实绕 $N_2 \pm N_x$ 匝，N_x 称为补偿匝数，$\pm N_x$ 相应表示增匝或减匝，补偿后二次电流就会相应成反比地减小或增大。通常二次绕组少绕，使二次电流增大，误差补偿为正值，这样可以减小误差。

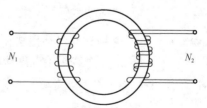

图 2-26　并联绕组的半匝或分数匝补偿

　　用两根完全相同的导线并联绕制二次绕组，其中一根导线少绕1匝，这就相当于少绕了半匝，电流互感器误差得到半匝补偿。如果二次绕组用 m 根导线并联绕制，其中 n 根导线少绕1匝，就可得到 n/m 分数匝补偿。

　　如果电流互感器的铁芯由大小、结构完全相同的两个铁芯组成，并且在绕制的二次绕组中，有1匝只绕在一个铁芯上，那么对于整个铁芯相当于只绕了半匝，电流互感器误差得到半匝补偿。如果在双铁芯半匝补偿中少绕二次绕组匝数的不是1匝，而是更多，即 T1 多绕 N_b 匝，T2 少绕 N_b 匝，如图 2-27 所示，这样一次安匝和二次安匝都不平衡，就产生方向相反的附加励磁磁动势。经过反励磁补偿后 T2 铁芯的磁密增大，T1 反向增大，磁导率增大，合成的励磁电流安匝数减小，从而使补偿后的误差减小，如图 2-28 所示，对比值差的补偿为正值，对相位差的补偿为负值。

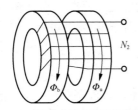

图 2-27　双铁芯或铁芯穿孔分数匝补偿　　　图 2-28　反励磁补偿的原理线路

　　圆环磁分路补偿是通过增减磁分路截面来调节补偿数值的大小，如图 2-29 所示。一次电流通过一辅助铁芯的励磁绕组，在其二次绕组就能产生感应电动势，将此感应电动势串联接入电流互感器的二次，作为补偿电动势。图中主铁芯 T1 上绕制一次二次绕组 N_1 和 N_2，而在磁分路 T2 上，二次绕组少绕了 N_b 匝，N_b 就是磁分路补偿匝数，如图 2-30 所示。

　　在电流互感器的铁芯上，用导线绕1匝或2匝绕组并短路焊牢，一次安匝中除原来提供的铁芯励磁安匝外，还要提供短路匝中短路电流安匝，这时电流互感器的误差为励磁安匝和短路电流安匝之相量和。通常短路匝补偿会使误差模数大于原始误差，使比值差更负，所以效果不是很好。

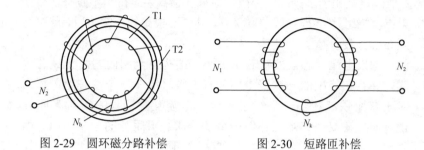

图 2-29 圆环磁分路补偿   图 2-30 短路匝补偿

≫ 62. 电流互感器检定的参比条件是什么?

（1）标准电流互感器应比被检电流互感器高两个准确度级别。

（2）被检电流互感器误差限值应符合标准值。

（3）标准电流互感器的变差应符合规程中规定的要求,检定周期内,标准电流互感器的误差变化不得超过其标准误差限值。

（4）标准电流互感器必须具有法定计量检定机构的检定证书。

≫ 63. 如何进行电流互感器负荷箱的外观和通电检查?

（1）电流互感器检测前需查看互感器的外部绝缘是否破损,一二次标识是否清晰完整,各端子是否损坏缺少,接线方式是否明晰,内部结构件松动,是否有其他严重的缺陷。如外观没有问题,则记录下互感器的铭牌信息:型号、厂家、等级、变比、二次负荷等。

（2）数字显示负荷箱通电后,其显示应清晰完整。

≫ 64. 如何选择电流互感器负荷箱的校准点?

（1）工作电流范围为 I_n 的电流互感器负荷箱,应选取额定电流的 1%、100%、120%等校准点进行校准;对于工作电流范围超过 120% I_n 的负荷箱,还应增大与最大电流工作范围对应的校准点。

（2）工作电压范围为 U_n 的电压互感器负荷箱,应选取额定电压的 20%、100%、120%等校准点进行校准;对于工作电压范围超过 120% U_n 的负荷箱, 还应增加与最大电压工作范围对应的校准点。

▶▶ 65. 电流互感器检定为什么要在退磁后进行?

电流互感器在使用过程中很可能在大负荷下切断过电源或发生过二次绕组开路的现象, 这些情况都会在电流互感器的铁芯中造成剩磁, 使互感器附加误差增大, 对互感器的性能造成影响。所以在检定或投入使用前, 需要对电流互感器进行退磁试验。

▶▶ 66. 电流互感器如何进行退磁?

常用的退磁方法包括开路法和闭环法。

(1) 开路法: 选择一、二次绕组中匝数较少的绕组 (一般为一次), 通过 10%~15% 的额定电流, 其他绕组均开路, 将电流平稳、缓慢的降至零。匝数最多的绕组接监视电压表, 当电压表读数达到 2.6kV, 在该电压下退磁。

(2) 闭环法: 二次绕组接上 10~20 倍的额定负荷 (若有两个或两个以上二次绕组, 其余绕组开路), 一次绕组通上额定的 1.2 倍的电流, 然后缓慢的降至零。实际工程应用中对电流互感器进行退磁, 就是将铁芯通以交流激磁, 使铁芯的磁密和磁导率从低到高, 越过最大磁导率, 而达到饱和状态, 然后逐渐降低磁场至零, 再使铁芯磁密下降, 以恢复铁芯的磁导率。但实际工程应用中电流互感器的性能和结构参数差异较大。例如: 电流互感器的准确等级分布由 10 级至 0.01 级, 相差 1000 倍; 安匝数由 100 安匝至 10000 安匝, 相差 100 倍, 二次负荷由 0.2Ω 至 2Ω, 相差 10 倍。同时, 铁芯材料有热轧硅钢片、冷轧硅钢片和铁镍合金, 结构有叠片铁芯和带绕铁芯, 磁导率相差数十倍; 铁芯重量由一公斤至几十公斤, 也相差数十倍。对于性能和结构参数悬殊的电流互感器, 采用上述统一的开路退磁或闭路退磁条件并不能满足所有类型互感器, 例如 0.1 级电流互感器, 如果采用开路退磁, 一次或二次通以 15% 额定电流, 铁芯严重饱和, 线圈层间电压很高, 可能击穿绝缘。如果采用闭路退磁, 二次接 20 倍额定负荷, 即 4Ω 电阻, 铁芯磁密不超过 2000

高斯，达不到退磁的目的。所以实际工程应用中应根据所用互感器的性能参数选择合适的退磁方法。

67. 为什么电流互感器开路法退磁时不得使二次峰值电压超过 2.6kV？

开路法退磁时磁场很强，铁芯极易饱和，绕组开路电压很高。根据 JJG 313—2010《测量用电流互感器》的规定：开路法退磁时，选择一个匝数较少的一次（或二次）绕组中通过 10%～15%的额定一次（或二次）电流，平缓上升和下降电流至零，匝数最多的绕组两端电压达到 2.6kV 时，在此电流值下退磁。对于低安匝数电流互感器来说，开路退磁时，当退磁电流已经达到 10%～15%额定电流，电压表极有可能达不到 2.6kV，此时电流互感器铁芯处于过饱和状态，可能损坏互感器。而对于仪用电流互感器，过高的峰值电压，极易损坏绕组绝缘，过高的峰值电压也使得退磁实验不安全。

第四节　电压互感器工作原理

68. 电磁式电压互感器基本结构包含哪几部分？

电磁式电压互感器是一种广泛应用于电力系统中的测量设备，用于将高压系统的电压转换为低压信号进行测量和保护。它主要由铁芯、一次绕组、二次绕组和外壳等组成。

铁芯是电磁式电压互感器中的重要部分，通常由硅钢片制成。它的主要功能是提供一个低磁阻路径，使得磁通能够尽可能地通过铁芯而不会散失。铁芯按排列方式通常分为方形叠片铁芯，C 形卷铁芯，环形铁芯。

一次绕组是将高压系统的电源连接到互感器上的部分，它通常由多层绝缘线圈组成，以承受高电压并减小漏耗。一次绕组通过与高压系统平行连接来感应主导线上的电流，并将其转换为相应的磁场。

二次绕组是将互感器的输出信号连接到测量设备或保护装置的部分，它通常由多层绝缘线圈组成，以减小漏耗并提高输出信号的精度。二次绕组通过感应一次绕组中产生的磁场来产生相应的电压信号。

外壳是互感器的保护外壳，通常由绝缘材料制成。它不仅可以保护内部部件免受外界环境的影响，还可以提供安全隔离，防止用户触及高压部分。常见的绝缘方式有：聚酯薄膜绝缘、油纸绝缘、气体绝缘、磁套管绝缘。

69. 电磁式电压互感器包含哪些基本参数？

电压比：电压比 $N_1/N_2 = U_1/U_2$，$K_u = U_1/U_2$，即为一次侧与二次侧电压比值。工作原理如图 2-31 所示。

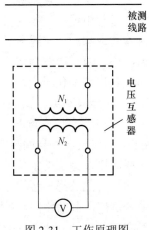

图 2-31　工作原理图

额定一次电压：一次绕组长期通电而不损坏绝缘的电压，国内投运的电压互感器额定一次电压一般有：6，10，15，20，35，110，220，330，500（kV）；

额定二次电压：允许长期运行而不损坏设备的电压，规定额定二次电压：100V，$100/\sqrt{3}$ V；

额定二次负荷：为了制造和使用方便，规定了电压互感器的额定二次负荷，规定值有：15，25，40，50，60，80，100VA；

准确度等级：根据测量电压互感器误差大小，测量用电磁式电压互感器准确度等级分为：0.01 级，0.02 级，0.05 级，0.1 级，0.2 级，0.5 级，1.0 级，3.0 级，保护用电磁式电压互感器准确度等级分为 3P 和 6P。

▶▶ 70. 电磁式电压互感器系统误差产生的原因是什么？

（1）线圈阻抗对误差的影响：电压互感器的一次线圈和二次线圈都有电流通过，线圈内阻抗的压降造成电压互感器的误差。

（2）电压对误差的影响：由于铁芯的磁导率和损耗角都不是常数，在电压互感器正常运行范围内，随着电压的增大，铁芯磁密增大，磁导率和损耗角先增大，然后减小，即 I_0/U 随着电压的增大，先减小且超前，然后增大且滞后。

（3）二次负荷对误差的影响：电压互感器的负载误差 ε 与二次负荷导纳的大小成正比，且与电压的大小无关。

（4）线圈匝数对误差的影响：线圈匝数对误差影响很大，当匝数增大时，空载电流 I_0 减小，但一次线圈和二次线圈内阻抗，特别是漏抗显著增大，因而空载误差变化不大，而负载误差显著增大，互感器误差增大。因此准确等级高或二次负荷导纳大的电压互感器，线圈的匝数应减小，这与电流互感器正好相反。

（5）铁芯平均磁路长度：空载误差与铁芯平均磁路长度成正比。在保证装下一次和二次线圈以及绝缘的条件下，尽可能缩小铁芯窗口的面积。同时铁芯截面尽可能选择多级梯形、正方形或者厚度 h 比宽度 b 稍大的长方形。这样在截面相同，线圈长度基本相同的条件下，以缩短铁芯的平均磁路长度。这既减小空载误差，又节省铁芯材料，减轻电压互感器的重量。

（6）铁芯材料和磁密对误差的影响：空载误差与空载电流成正比，与铁芯的磁导率成反比。铁芯材料的磁导率越高，空载误差越小。但是，铁芯的饱和磁密（即铁芯开始饱和时的磁密）越高，在相同的截面下，线圈的匝数越少，如上所述，空载误差略有增大，而负载误差显著减小。因此应该选用磁导率高且饱和磁密也高的冷轧硅钢片做电压互感器。铁镍合金的磁导率虽比冷轧硅钢片高，但饱和磁密却只有冷轧硅钢片的一半，因而在一般情况下，选用冷轧硅钢片做电压互感器比铁镍合金好，这也和电流互感器相反。

（7）电源频率对误差的影响：当电源频率降低或增高时，铁芯的磁密相应增大或减小，如铁芯不饱和，则对空载误差影响不大。同时线圈的漏抗与电源频率成正比，负载误差将随频率的增大而增大。在高压电压互感器中，漏电容电流也和频率成正比，也影响互感器的误差。因此，电源频率在±5%范围内变动，对电压互感器的误差影响不大。如电源频率变化超过±5%，引起铁芯饱和或漏抗、漏电容电流显著增大，都会使互感器的误差增大。

（8）二次侧负荷对误差的影响：接在电压互感器二次侧的负荷超过其额定容量，使互感器的误差增大。

（9）二次侧短路对误差的影响：由于电压互感器内阻抗很小，若二次回路短路时，会出现很大的电流，形成测量误差，甚至将损坏二次设备甚至危及人身安全。

71. 电容式电压互感器的特点和工作原理是什么？

（1）电容式电压互感器与普通的电磁式电压互感器相比具有绝缘可靠性高、价格低、体积小、不易产生系统谐振、还可兼作电力线载波通信用的耦合电容器等优点，已在电力系统中得到广泛应用。目前，电网中运行的 500kV 电压互感器全部采用电容式电压互感器，新建和扩建的 220kV 关口计量用电压互感器也基本都选用了电容式电压互感器。

（2）电容式电压互感器由电容分压器、电磁单元及补偿电抗器组成，电容分压器由高压电容 C1 和中压电容 C2 组成，系统一次电压经电容分压器后产生中间电压，中间电压一般在 10～20kV 之间。电磁单元位于铁壳箱体内，内部有中间变压器、补偿电抗器、阻尼器和限压元件。补偿电抗器用于调整一、二次电压间的相位关系，补偿电容分压器容抗，减小综合内阻抗，提高电容式电压互感器的带负荷能力。

72. 什么是电压互感器的升降变差？

电压互感器在电压上升与电压下降过程中，相同电压百分点误差测量结果之差称为升降变差。准确度等级 0.2 级及以上的电压互感器，升降变差不得大于其误差限值的 1/5。电压互感器二次回路压降主要是指电压互感器二次侧端子到电能表接线端子两者之间的电压降相对于电压互感器二次实际电压的百分数。电压互感器是连接接线端子与用户端计量装置的必经通道，实际应用中，两个端点之间具有较长的传输距离，为保证电力传输的稳定和正常，通常需要利用二次电缆等线材将两个端点连接起来，同时在连接电路中添加空气开关、熔断器、端子排等必需配件，无论是连接电缆还是串联配件，在其接触端和材料内部均存在一定的阻抗，这就会使得电流流经电压互感器二次回路时产生压降。

73. 测量用电压互感器的检定项目有哪些？

依据 JJG 1021—2007《电力互感器检定规程》，测量用电压互感器的检定项目如表 2-9 所示。

表 2-9　　　　　　　　　电力互感器检定项目

检定项目 ＼ 检定类别	首次检定	后续检定	使用中检验
外观及标志检查	+	+	+
绝缘试验	+	+	–
绕组极性检查	+	–	–
基本误差测量	+	+	+
稳定性试验	–	+	+
运行变差试验	+		
磁饱和裕度试验	+		

注　表中符号"+"表示必检项目，符号"–"表示可不检项目。

（1）外观检查。被检互感器外观应完好，电力互感器的器身上应有铭牌和标志，铭牌上应有产品编号，出厂日期，接线图或接线方式说明，有额定电流比和额定电压比，准确度等级等明显标志。一次和二次接线端子上应有电流和电压接线符号标志，接地端子上应有接地标志。

（2）绝缘试验。绝缘试验按表 2-10 进行。

表 2-10 电压互感器绝缘试验项目及要求

试验项目	一次对二次绝缘电阻	二次绕组之间绝缘电组	二次绕组对地绝缘电阻	一次对二次及地工频耐压试验	二次对地工频耐压试验	二次绕组之间工频耐压试验
要求	>1000MΩ	>500MΩ	>500MΩ	按出厂试验电压的85%进行	2kV	2kV
说明	电容式电压互感器除外	—	—	35kV 及以上电压互感器除外	—	—

测量绝缘电阻应使用 2.5kV 绝缘电阻表，工频耐压试验使用频率为 $50Hz \pm 0.5Hz$，失真度不大于 5%的正弦电压，试验电压测量误差不大于 3%。试验时应从接近零的电压平稳上升，在规定耐压值停留 1min，然后平稳下降到接近零电压。试验时应无异音、异味，无击穿和表面放电，绝缘保持完好，误差无可察觉的变化。

（3）绕组极性检查。推荐使用互感器校验仪检查绕组的极性。根据互感器的接线标志，按比较法线路完成测量接线后，升起电流、电压至额定值的 5%以下试测，用校验仪的极性指示功能或误差测量功能，确定互感器的极性。

（4）基本误差测量。电压互感器的测量点如表 2-11 所示。

表 2-11 电压互感器误差测量点

$\dfrac{U_p}{U_n}$/(%)	80	100	110[①]	115[②]
上限负荷	+	+	+	+
下限负荷	+	+	−	−

注 ① 适用于 330kV 和 500kV 电压互感器。
　　② 适用于 220kV 及以下电压互感器。

检定准确级别 0.1 级和 0.2 级的互感器，读取的比值差保留到 0.001%，相位差保留到 0.01'。检定准确级别 0.5 级和 1 级的互感器，读取的比值差保留到 0.01%，相位差保留到 0.1'。

（5）稳定性试验。电力互感器的稳定性取上次检定结果与当前检定结果，分别计算两次检定结果中比值差的差值和相位差的差值。

（6）磁饱和裕度试验。如果被检电流互感器150%额定电流点在标准装置的测量范围内，可以用比较法直接测量150%点的误差。

第五节　互感器现场校验装置

74. 互感器校验仪按准确度等级分为哪几种？

互感器校验仪在实际测量时，实测的二次电流都是按额定电流比折算为一次电流。这样的折算实际上是有误差的，电流互感器实际电流比并不等于额定电流比，二者之间具有一定的误差。因此，测量用电流互感器根据变电流时所产生的误差，规定电流互感器的准确级。国产电流互感器的准确级计有：0.01级、0.02级、0.05级、0.1级、0.2级、0.5级、1级、3级和5级等。

75. 互感器校验仪检定时采用哪种检定方法？

互感器校验仪检定时采用同相分量示值误差和正交分量示值误差分别检定的方法。被检仪器的示值误差可以选取互感器测量回路的某一量程作为全检量程，其余量程和其他回路的所有量程，只在该量程上限值的100%、10%及与全检量程最大正负误差相对应的检定点位置进行检定。

全检量程的检定点，包括正负最大示值之间全部标度点。多盘调节的校验仪，可按N/10或N/9的置数系列检定。用数字显示测量结果的校验仪，可取满度值的10%为间隔选取检定点。

仪器首次检定时，在全检量程对应着同相与正交分量的中间示值与最大示值附近位置选4个补充检定点。电子式校验仪还要在每个受检量程按上述方法选2个补充检定点。

新制造或修理后的仪器，除在每个额定工作电压（或电流）下进行检定外，还应根据产品的技术条件，在规定的工作电压（或电流）范围测量其全检量程上限标度点的示值误差。

对仪器标度点示值误差的测量，优先采用测量标度点实际误差的方法。如果被检仪器的分辨力优于受检点允许误差的1/4，也可以采用测量标度点实际偏差的方法。

》 76. 互感器校验仪为什么需要具有一定的谐波抑制能力？

互感器误差的定义为基波误差，因此谐波必须排除在测量信号之外。由于电源的谐波分量在线路中不能完全抵消，同时由于互感器铁芯的非线性磁化作用，也会产生新的谐波。对于电工式校验仪，谐波会影响线路的平衡调节，并干扰平衡终点的正确位置；对于数显式校验仪，谐波会干扰信号过零点，谐波叠加在信号上会使采样信号失真。这两种情况都会影响校验仪使用中的测量准确度，因此必须根据校验仪的准确度等级提出相应的谐波抑制能力要求。

》 77. 为什么要求互感器校验仪的工作电压回路和工作电流回路与差值回路绝缘？

回路绝缘可以消除两回路之间的相互干扰，使互感器误差测量及整体检定接线更简单。校验仪的工作电压回路和工作电流输入回路宜与误差电压和误差电流输入回路电气上绝缘，绝缘电阻不小于 $10M\Omega$，工频耐受电压不小于 400V。可以在高电位端输入误差电压（或电流）的校验仪，差压与差流输入端子与工作电压（或电流）回路的绝缘电阻不小于 $20M\Omega$，工频耐受电压不小 1.5kV。

》 78. 为什么要限制互感器校验仪的差压差流回路负荷？

差值回路是互感器二次负荷的一部分，直接影响检定的准确性。差值回路引起的附加误差不得超过被测误差的 1/20。差压回路的电流不得超过 1mA，差流回路的压降不得超过 50MV。

第六节 电能表现场校验仪工作原理

》 79. 现场校验仪是如何测量电能表误差的？

（1）定时比较法：在特定的一段时间 t（s）内，分别测定现场校验仪和被测电能表累计的电能值，用式（1）计算被测电能表电

能测量的相对误差 γ（%）。

$$\gamma = \frac{W'-W}{W} \times 100 + \gamma_0 \qquad (1)$$

式中　γ_0——现场校验仪的已定系统误差，%，不需更正时，$\gamma_0 = 0$；

　　　W'——被测电能表显示的电能值，J；

　　　W——现场校验仪显示的电能值，J。

若被测电能表累计的是高频脉冲数，则：

$$W = \frac{3.6 \times 10^6}{C_H} \times m \qquad (2)$$

式中　m——被测电能表显示的高频脉冲数；

　　　C_H——被测电能表的高频脉冲常数，imp/kWh。

若现场校验仪累计的也是高频脉冲数，则 W 值也用于式（2）计算，此时，m 要换成现场校验仪累计的高频脉冲数，C_H 要换成现场校验仪的高频脉冲常数。

若现场校验仪经外接钳形电流、电压互感器接入，则式（1）中的 W 要乘以电流、电压互感器的变比 K_I、K_U。

（2）定低频脉冲数（N）比较法：

当用电能表输出一定的定低频脉冲数 N 停住标准表方法检定时，电能表的相对误差 γ(%)按式（3）计算：

$$\gamma(\%) = \frac{W_0 - W}{W} \times 100 + \gamma \qquad (3)$$

式中　W_0——算定电能值相当于理论计算值。即电能表在没有误差的情况下运行，输出 N 个低频脉冲时，标准表应累计的电能值。

▷▷ 80. 什么是实负荷校验？

实负荷校验是在电能表实际运行工况下，利用实际用电负荷进行校验的方法。单相电能表实负荷运行接线如图 2-32 所示，在负载 Z 与被校表（A、B）之间接入电能表现场校验仪便可进行实负荷校验。实负荷校验的优点是被校表可在运行中进行校验，缺点是校验功耗大、校验的负载点过少。

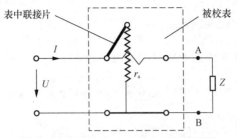

图 2-32　单相电能表实负荷运行线路图

>>> 81. 实负荷校验如何接线？

电能表现场校验工作推荐使用标准表法进行，接线示意图也以标准表法为例，如图 2-33 所示。

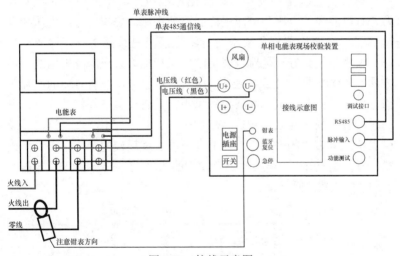

图 2-33　接线示意图

将校验仪按相序接上连接导线，用万用表测量校验仪侧的电压、电流回路，电压回路相间阻值在 1400Ω 左右，相地间阻值在 700Ω 左右。连接导线测量，确认无误后接入应待测电能表回路，电流回路串连，电压回路并连。接通校验仪电源，若现场没有市电接口，可借助 TV 线路电压。打开电流试验端子，用校验仪监视线路参数，接线人员、监视仪表人员要前后呼唤应答。校验仪和试验端子之间的连接导线应有良好的绝缘，中间不允许有接头，并应有明显的极性和相别标志。

82. 实负荷校验适用哪些应用场景？

实负荷校验即在电能表实际运行工况下开展现场校验，适用的应用场景包括：

（1）不能进行电能表停电校验的应用场景，如关口结算点、一类和二类用户等。

（2）需要验证电能表在实际运行工况下运行误差的应用场景。

83. 什么是虚负荷校验？

虚负荷校验是指使用可以输出标准电压、电流信号的校验装置，对电能表的电压和电流采样回路分别施加虚拟的标准电压和电流信号，依照检测规程要求对待测电能表进行基本误差检测的方法。虚负荷校验方法是被电表生产厂家和电力公司广泛采用的一种方法，其线路图如图 2-34 所示。虚负荷校验方法没有具体的实际负荷，由电压回路、电流回路分别供电，具有校验功耗低的优点，可同时校验多块电能表（W1、W2、…、Wn），且不产生表位误差及由表位压降带来的附加误差。但在电能表现场校验中，与实负荷校验一样均会产生居民电能表"走字"的情况，此时应注意与用电居民沟通校验电费的问题。

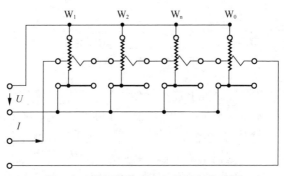

图 2-34　单相电能表虚负荷运行线路图

▶▶ 84. 虚负荷校验如何接线?

虚负荷校验接线示意图如图 2-35 所示。

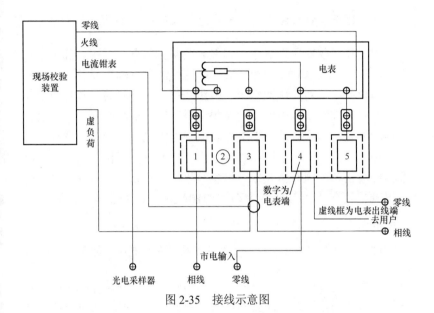

图 2-35 接线示意图

现场校验过程中当线路中没有用电负荷或电流较小时,可以采用虚负荷方式进行校验。首先将校验仪虚负荷接线端子接入单相电能表的电流出线端子上,并在校验仪设置中打开虚负荷功能,同时选择好合适的虚负荷挡位。由于虚负荷启动时带有电压,建议虚负荷线在使用前再接入回路,使用后从设备接线端口拔掉,避免误操作造成安全隐患。

▶▶ 85. 虚负荷校验适用哪些应用场景?

虚负荷校验适用的应用场景包括:

(1)可以进行停电校验的应用场景,如一般居民用户等。

(2)电力公司需要在实验室中对电能表进行校验,如样机送样检测、供货抽检、供货全检、拆回表检测等场景。

(3)电能表生产企业需要在实验室中对电能表进行全性能测

试、出厂测试等应用场景。

（4）电能表现场校验中，被检电能表所在线路没有负荷或负荷水平较低时，现场校验仪难以测量出误差结果的情况。

86. 现场校验仪对不同准确度电能表的校验要求分别是什么？

现场校验仪对于运行中的电能表测量分为两种情况，首先是对于准确性测量要求较高的电能表，在这种情况下就需要在运行中利用校验仪在现场对其电网电流、电压和频率进行检验，同时利用此检验结果与被验电能表的检验结果进行对照，从而计算出被校电表的实际偏差。其次就是对于电能表准确性测量要求较低的情况，对于这种情况的测量，则使用钳形电流互感器进行互相连接，然后再根据校验设备的固有偏差来对测量结果进行修正，将测量中得出的结果减去钳形电流互感器中存在的额外偏差即为被校电能表的实际偏差。

87. 电能表现场校验仪内置电流互感器采样有什么优点和缺点？

优点：精度高，不易受外部环境影响；电流互感器在工作时，它的二次侧回路始终是闭合的，因此测量仪表和保护回路串联线圈的阻抗很小，电流互感器的工作状态接近短路。

缺点：现场校验过程中电力用户必须停电，同时必须进行电能表的拆接线操作。

88. 钳形电流互感器采样有什么优点和缺点？

钳形电流互感器是没有一次导体和一次绝缘，其磁路是以铰链方式打开的互感器。钳形电流互感器载流导线位置相关性变差小，抗干扰能力较强，如将它接到高准确度的功率电能表、电流表、相位表，就能进行更准确的现场检测，既安全又可提高工作效率。

优点：开环模式运行的运算放大器放大倍数一般很高，因此输入端可视为虚地点，互感器二次工作在短路状态，可视为空载，因而放大器对钳形互感器的影响极小。经多次实测也证明这样构成的电流、电压转换器仍可达到 0.1 级的准确度。

缺点：钳形电流互感器由于要开口，导磁系数将不可避免地大大降低，需要采取一定的补偿措施才能确保其具有较高的测量准确度。

▶▶ 89. 电能表现场校验仪误差限应满足哪些要求？

电能表的误差必须符合相关的国家标准，且误差必须在一定的范围之内。通常情况下，误差范围是指正负误差不超过电能表额定值的两倍，电能表校验仪的测量精度不应该低于被测电能表的额定值。同时，测量过程中需要保证电能表的量值不受其他因素的干扰。

▶▶ 90. 电能表现场校验仪工作的参比条件有哪些？

（1）环境温度（0～35）℃之间。

（2）电压对额定值的偏差不应超过 ±10%。

（3）频率对额定值的偏差不应超过 ±2%。

（4）现场检验时，当负荷电流低于被检电能表标定电流的 10%（对于 S 级的电能表为 5%）或功率因数低于 0.5 时，不宜进行误差测定。

（5）负荷相对稳定。

▶▶ 91. 如何理解电能表现场校验仪上的仪表准确度等级？

仪表的最大相对百分误差的绝对值作为准确度等级，一级标准仪表的准确度是：0.005，0.02，0.05；二级标准仪表的准确度是：0.1，0.2，0.35，0.5；一般工业用仪表的准确度是：0.1，0.2，0.5，1.0，1.5，2.5，5.0；相对百分误差=（被测参数的测量值−被测参数的标准值）÷（标尺上限值−标尺下限值）×100%，引用误差的百分数分子作为等级标志，后须有标识%FS。

▶▶ 92. 电能表现场校验仪常见的测量范围和准确度分别是多少？

（1）常见的测量范围。电压测量范围：0～400V，50V、100V、200V、400V 四档；电流测量范围：0～500A，内置互感器分为 5A（TA）档。钳形互感器为 5A（Q）、25A（Q）、100A（Q）、500A（Q）

四个档位；相角测量范围：0～359.9°；频率测量范围：45～55Hz。

（2）现场校验仪常见的准确度。电压、频率：±0.05%（±0.1%）；电流、功率：±0.05%（±0.1%）（钳形互感器±0.5%）；电能：±0.05%（±0.1%）（钳形互感器±0.5%）；相位：±0.1°。

※※ 93. 电能表现场校验仪的绝缘要求是如何规定的？

绝缘电阻是最基本的绝缘性能指标，足够的绝缘电阻能把电气设备的泄漏电流限制在安全范围内，防止由漏电引起的事故。不同的线路或设备对绝缘电阻性能有不同的要求，一般来说高压设备较低压设备要求高，新设备较老设备要求高，现场使用的设备较实验室设备的要求高。电能表现场校验仪的绝缘要求为：

（1）电压、电流输入端对机壳的绝缘电阻≥100MΩ。

（2）工作电源输入端对外壳之间承受工频 1.5kV（有效值）。

第三章

现场校验安全作业

第一节 安全作业基本条件

≫94. 如何建设现场校验安全作业制度？

（1）根据不同工种，建立匹配的安全操作规程；如变电室值班安全操作规程、内外线维护检修安全操作规程、电气设备维修安全操作规程、电气实验安全操作规程、非专职电工人员手持电动工具安全操作规程、电焊安全操作规程、电炉安全操作规程、天车司机安全操作规程等。

（2）根据环境特点，建立相适应的运行管理制度和维护检修制度。由于设备缺陷本身就是潜在的不安全因素，设备损坏（如绝缘损坏）往往是造成人身事故的重要原因，设备事故可能伴随着严重的人身事故（如电气设备着火、油开关爆炸），所以设备的运行管理和维护检修制度是十分重要的，严格执行这些制度，能消除隐患，促进生产的连续发展。运行管理和维护检修应注意经常性与定期性相结合、专业队伍与生产工人相结合的原则。

≫95. 如何规范配备现场校验安全作业的管理机构与人员？

应根据本部门电气设备的构成和状态、本部门电气专业人员的组成和素质，以及本部门的用电特点和操作特点，建立相应的管理机构，并确定管理人员和管理方式。为了做好电气安全管理工作，安全管理部门、动力部门（或电力部门）等必须互相配合，安排专人负责这项工作。专职管理人员应具备必须的电工知识和电气安全知识，并要根据实际情况制定安全措施计划，使安全工作有计划地进行，不断提高电气安全水平。

96. 如何进行健全的现场校验电气安全作业检查？

电气安全检查最好每季度进行一次，发现问题及时解决，特别要注意雨季前和雨季中的安全检查。电气安全检查包括检查电气设备的绝缘有无损坏、绝缘电阻是否合格、设备裸露带电部分是否有防护设施；保护接零或保护接地是否正确、可靠，保护装置是否符合要求；手提灯和局部照明灯电压是否是安全电压或是否采取了其他安全措施；安全用具和电气灭火器材是否齐全；电气设备安装是否合格、安装位置是否合理；制度是否健全等内容。对变压器等重要电气设备要坚持巡视，并作必要的记录；对新安装设备，特别是自制设备的验收工作要坚持原则，一丝不苟；对使用中的电气设备，应定期测定其绝缘电阻；对各种接地装置，应定期测定其接地电阻；对安全用具、避雷器、变压器油及其他保护电器，也应定期检查测定或进行耐压试验。

97. 如何加强现场校验安全教育？

工作人员应懂得用电基本知识，认识安全用电的重要性，掌握安全用电的基本方法。新入厂的工作人员要接受厂、车间、生产小组三级安全教育。一般职工要懂得安全用电的一般知识；使用电气设备的一般生产工人除懂得一般知识外，还应懂得有关安全规程；独立工作的电工，更应懂得电气装置在安装、使用、维护、检修过程中的安全要求，熟知电工安全操作规程，懂得扑灭电气火灾的方法，掌握触电急救的技能，电工作业人员要遵守职业道德，忠于职业责任，遵守职业纪律、团结协作、做好安全供用电工作，还要通过考试，取得合格证等。

98. 如何建立现场校验安全作业资料？

安全技术资料是做好安全工作的重要依据，应该注意收集和保存。为了工作方便和便于检查，应建立高压系统图、低压布线图、全厂架空线路和电缆线路布置图及其他图纸、说明、记录资料。对重要设备应单独建立资料，如技术规格、出厂试验记录、安装试车记录等。每次检修和试验记录应作为资料保存，以便查对。设备事故和人身事故的记录也应作为资料保存。同时注意收集各种安全标准法规和规范。

第二节　安全作业组织措施

99. 电气设备的现场校验工作，应遵守的安全制度有哪些？

（1）工作票制度；

（2）工作许可制度；

（3）工作监督制度；

（4）工作间断、转移和终结制度。

100. 什么是现场校验工作票制度？

现场校验安全作业的工作票制度，其方式有三种：

（1）高压设备上工作需要全部停电或部分停电的高压室内的二次接线和照明等回路上的工作，需要将高压设备停电或采取安全措施的。

（2）带电作业和在带电设备外壳上的工作，在控制盘和低压配电盘、配电箱、电源干线上的工作，在二次接线回路上的工作；无需将高压设备停电的工作；在转动中的发电机、同期调相机的励磁回路或高压电动机转子电阻回路上的工作；非当值值班人员用绝缘棒和电压互感器定相或用钳形电流表测量高压回路的电流。

（3）用于第一和第二种工作票以外的其他工作。口头或电话命令，必须清楚正确，值班员应将发令人、负责人及工作任务详细记入操作记录簿中，并向发令人复诵核对一遍。

101. 什么是现场校验工作许可制度？

（1）工作票签发人由车间（分场）或熟悉人员技术水平、设备情况、安全工作规程的生产领导人及技术人员担任。工作票签发人的职责范围为工作必要性；工作是否安全；工作票上所填安全措施是否正确完备；所派工作负责人和工作班人员是否适当和足够，精神状态是否良好等。工作票签发人不得兼任该项工作的工作负责人。

（2）工作负责人（监护人）由车间（分场）或工区（所）主管生产的领导书面批准。工作负责人可以填写工作票。

（3）工作许可人不得签发工作票。工作许可人的职责范围为：负责审查工作票所列安全措施是否正确完备，是否符合现场条件；工作现场布置的安全措施是否完善；负责检查停电设备有无突然来电的危险；对工作票所列内容即使发生很小疑问，也必须向工作票签发人询问清楚，必要时应要求作详细补充。

（4）工作许可人（值班员）在完成施工现场的安全措施后，还应会同工作负责人到现场检查所做的安全措施，以手触试，证明检修设备确无电压，对工作负责人指明带电设备的位置和注意事项，同工作负责人分别在工作票上签名。完成上述手续后，工作班方可开始工作。

▶▶ **102. 什么是现场校验工作监督制度？**

（1）完成工作许可手续后，工作负责人（监护人）应向工作班人员交代现场安全措施、带电部位和其他注意事项。工作负责人（监护人）必须始终在工作现场，对工作班人员的安全认真监护，及时纠正违反安全规程的操作。

（2）全部停电时，工作负责人（监护人）可以参加工作班工作。部分停电时，只有在安全措施可靠，人员集中在一个工作地点，不致误碰带电部分的情况下，方能参加工作。工作期间，工作负责人若因故必须离开工作地点，应指定能胜任的人员临时代替，离开前应将工作现场交代清楚，并告知工作班人员。原工作负责人返回工作地点时，也应履行同样的交接手续。若工作负责人需要长时间离开现场，应由原工作票签发人变更新工作负责人，两工作负责人应做好必要的交接。

（3）值班员如发现工作人员违反安全规程或任何危及工作人员安全的情况，应向工作负责人提出改正意见，必要时可暂时停止工作，并立即报告上级。

▶▶ **103. 什么是现场校验工作间断、转移和终结制度？**

（1）工作间断时，工作班人员应从工作现场撤出，所有安全措施保持不动，工作票仍由工作负责人执存。每日收工，将工作票交回值班员。次日复工时，应征得值班员许可，取回工作票，工作负责人必须首先重新检查安全措施，确定符合工作票的要求后，方可工作。

（2）全部工作完毕后，工作班人员应清扫、整理现场。工作负责人应先周密检查，待全体工作人员撤离工作地点后，再向值班人员讲清所修项目、发现的问题、试验结果和存在的问题等，并与值班人员共同检查设备状态，有无遗留物件，是否清洁等，然后在工作票上填明工作终结时间，经双方签名后，工作票方告终结。

（3）只有在同一停电系统的所有工作票结束，拆除所有接地线、临时遮栏和标识牌，恢复常设遮栏，并得到值班调度员或值班负责人的许可命令后，方可合闸送电。针对已结束的工作票，保存 3 个月。

第三节 现场校验带电作业

>> 104. 现场校验带电作业的技术措施有哪些？

在全部停电或部分停电的电气设备上工作，必须完成验电、装设接地线、悬挂标识牌和装设遮栏后，方能开始工作。

（1）带电作业人员必须经过培训，考试合格。凡参加带电作业的人员，必须经过严格的工艺培训，并考试合格后才能参加带电作业。

（2）工作票签发人和工作负责人必须经过批准。带电作业工作票签发人和工作负责人应具有带电作业实践经验，熟悉带电作业现场和作业工具，对某些不熟悉的带电作业现场，能组织现场查勘，作出判断和确定作业方法及应采取的措施。工作票签发人必须经厂（局）领导批准，工作负责人可经工区领导批准。

（3）带电作业必须设专人监护。监护人应由有带电作业实践经验的人员担任。监护人不得直接操作。监护的范围不得超过一个作业点。复杂的或高杆塔上的作业应增设塔上监护人。

（4）应用带电作业新项目和新工具时，必须经过科学试验和领导批准。对于比较复杂、难度较大的带电作业新项目和研制的新工具必须进行科学试验，确认安全可靠，编出操作工艺方案和安全措施，并经厂（局）主管生产领导（总工程师）批准后方可使用。

（5）带电作业应在良好天气下进行。如遇雷、雨、雪、雾等天气，不得进行带电作业；风力大于 5 级时，一般不宜进行带电作业。

▶▶ 105. 现场校验带电作业如何验电？

（1）验电时，必须用电压等级合适而且合格的验电器。在检修设备的进出线两侧分别验电。验电前，应先在有电设备上进行试验，以确认验电器良好，如果在木杆、木梯或木架上验电，不接地线不能指示者，可在验电器上接地线，但必须经值班负责人许可。

（2）高压验电必须戴绝缘手套。35kV 以上的电气设备，在没有专用验电器的特殊情况下，可以使用绝缘棒代替验电器，根据绝缘棒端有无火花和放电声来判断有无电压。

▶▶ 106. 现场校验带电作业如何装设接地线？

（1）对于可能送电至停电设备的各部位或可能产生感应电压的停电设备都要装设接地线，所装接地线与带电部分应符合规定的安全距离。装设接地线必须两人进行。若为单人值班，只允许使用接地刀闸接地，或使用绝缘棒合接地刀闸。装设接地线必须先接接地端，后接导体端，并应接触良好。拆接地线的顺序与此相反。装、拆接地线均应使用绝缘棒或戴绝缘手套。

（2）接地线应用多股软裸铜线，其截面应符合短路电流的要求，但不得小于 $25mm^2$，接地线在每次装设以前应经过详细检查，损坏的接地线应及时修理或更换。禁止使用不符合规定的导线作接地或短路用。接地线必须用专用线夹固定在导体上，严禁用缠绕的方法进行接地或短路。

（3）需要拆除全部或一部分接地线后才能进行的高压回路上的工作（如测量母线和电缆的绝缘电阻，检查开关触头是否同时接触等）需经特别许可。拆除一项接地线、拆除接地线而保留短路线、将接地线全部拆除或拉开接地刀闸等工作必须征得值班员的许可（根据调度命令装设的接地线，必须征得调度员的许可）。工作完毕后立即恢复。

▶▶ 107. 现场校验带电作业如何悬挂标识牌和装设遮栏？

（1）在工作地点、施工设备和一经合闸即可送电到工作地点或施工设备的开关和刀闸的操作把手上，均应悬挂"禁止合闸，有人工作！"的标识牌。如果线路上有人工作，应在线路开关和刀闸操作把手上悬挂："禁止合闸，线路上有人工作！"的标识牌。标识牌的悬挂和拆除，应按调度员的命令执行。

（2）部分停电的工作，安全距离小于规定数值的未停电设备，应装设临时遮栏，临时遮栏与带电部分的距离同样应满足规定数值。临时遮栏可用干燥木材、橡胶或其他坚韧绝缘材料制成，装设应牢固，并悬挂"止步，高压危险！"的标识牌。35kV 及以下设备的临时遮栏，如因特殊工作需要，可用绝缘挡板与带电部分直接接触。但此种挡板必须具有高度的绝缘性能，符合耐压试验要求。

（3）在室内高压设备上工作，应在工作地点两旁间隔和对面间隔的遮栏上和禁止通行的过道上悬挂"止步，高压危险！"的标识牌。在室外地面高压设备上工作，应在工作地点四周用绳子做好围栏，围栏上悬挂适当数量的"止步，高压危险！"的标识牌，标识牌必须朝向围栏外面。在工作地点悬挂"在此工作！"的标识牌。在室外构架上工作，应在工作地点邻近带电部分的横梁上，悬挂"止步，高压危险！"的标识牌，此项标识牌在值班人员监护下，由工作人员悬挂。在工作人员上下用的铁架和梯子上，应悬挂"从此上下！"的标识牌，在邻近其他可能误登的构架上，应悬挂"禁止攀登，高压危险！"的标识牌。

▶▶ 108. 现场校验易发生的触电事故种类有哪些？

按照触电事故的构成方式，触电事故可分为电击和电伤。

电击是电流对人体内部组织的伤害，是最危险的一种伤害，绝大多数（大约85%以上）的触电死亡事故都是由电击造成的。电击的主要特征有：①伤害人体内部；②在人体的外表没有显著的痕迹；③致命电流较小。按照发生电击时电气设备的状态，电击可分为直接接触电击和间接接触电击：①直接接触电击是触及设备和线路正常运行时的带电体发生的电击（如误触接线端子发生的电击），也称为正常状态下的电击。②间接接触电击是触及正常状态下不带电,而当设备或线路故障时意外带电的导体发生的电击(如触及漏电设备的外壳发生的电击),也称为故障状态下的电击。

电伤是由电流的热效应、化学效应、机械效应等效应对人造成的伤害。触电伤亡事故中,纯电伤性质的及带有电伤性质的约占75%(电烧伤约占40%)。尽管大约85%以上的触电死亡事故是电击造成的,但其中大约70%的含有电伤成分。对专业电工自身的安全而言,预防电伤具有更加重要的意义。电伤会导致电烧伤、皮肤金属化、电烙印、机械性损伤、电光眼等伤害:①电烧伤是电流的热效应造成的伤害,分为电流灼伤和电弧烧伤。电流灼伤是人体与带电体接触,电流通过人体由电能转换成热能造成的伤害。电流灼伤一般发生在低压设备或低压线路上。电弧烧伤是由弧光放电造成的伤害,分为直接电弧烧伤和间接电弧烧伤。前者是带电体与人体之间发生电弧,有电流流过人体的烧伤;后者是电弧发生在人体附近对人体的烧伤,包含熔化了的炽热金属溅出造成的烫伤。直接电弧烧伤是与电击同时发生的。电弧温度高达8000℃以上,可造成大面积、大深度的烧伤,甚至烧焦、烧掉四肢及其他部位。大电流通过人体,也可能烘干、烧焦机体组织。高压电弧的烧伤较低压电弧严重,直流电弧的烧伤较工频交流电弧严重。发生直接电弧烧伤时,电流进、出口烧伤最为严重,体内也会受到烧伤。与电击不同的是,电弧烧伤都会在人体表面留下明显痕迹,而且致命电流较大。②皮肤金属化是在电弧高温的作用下,金属熔化、汽化,金属微粒渗入皮肤,使皮肤粗糙而张紧的伤害。皮肤金属化多与电弧烧伤同时发生。③电烙印是在人体与带电体接触的部位留下的永久性瘢痕。瘢痕处皮肤失去原有弹性、色泽,表皮坏死,失去知觉。④机械性损伤是电流作用于人体时,由于中枢神经反射和肌肉强烈收缩等作用导致的机体组织断裂、骨折等伤害。⑤电光眼是发生弧光放电时,由红外线、可见光、紫外线对眼睛的伤害。电光眼表现为角膜炎或结膜炎。

109. 现场校验易发生的触电方式有哪些?

(1)单相触电:当人体直接碰触带电设备其中的一相时,电流通过人体流入大地，这种触电现象称为单相触电。对于高压带电体，人体虽未直接接触，但由于超过了安全距离，高电压对人体放电，造成单相接地而引起的触电，也属于单相触电。单相触电是危险的，人体碰及断落的导线往往会导致触电事故。此外，在高压线路周围施工，未采取安全措施，碰及高压导线触电的事故也时有发生。

（2）两相触电：人体同时接触带电设备或线路中的两相导体，或在高压系统中，人体同时接近不同相的两相带电导体，而发生电弧放电，电流从一相导体通过人体流入另一相导体，构成一个闭合回路，这种触电方式称为两相触电。发生两相触电时，作用于人体上的电压等于线电压，这种触电是最危险的。

（3）跨步电压触电：当电气设备发生接地故障，接地电流通过接地体向大地流散，在地面上形成电位分布时，若人在接地短路点周围行走，其两脚之间的电位差，就是跨步电压。由跨步电压引起的人体触电，称为跨步电压触电。下列情况和部位可能发生跨步电压电击：带电导体特别是高压导体故障接地处，流散电流在地面各点产生的电位差造成跨步电压电击；接地装置流过故障电流时，流散电流在附近地面各点产生的电位差造成跨步电压电击；正常时有较大工作电流流过的接地装置附近，流散电流在地面各点产生的电位差造成跨步电压电击；防雷装置接受雷击时，极大的流散电流在其接地装置附近地面各点产生的电位差造成跨步电压电击；高大设施或高大树木遭受雷击时，极大的流散电流在附近地面各点产生的电位差造成跨步电压电击。跨步电压的大小受接地电流大小、鞋和地面特征、两脚之间的跨距、两脚的方位以及离接地点的远近等很多因素的影响。人的跨距一般按 0.8m 考虑；由于跨步电压受很多因素的影响以及由于地面电位分布的复杂性，几个人在同一地带（如同一棵大树下或同一故障接地点附近）遭到跨步电压电击完全可能出现截然不同的后果。

110. 现场校验带电作业中杆上或高处触电如何急救？

发现杆上或高处有人触电，应争取时间及早在杆上或高处开始进行抢救，救护人员登高时应随身携带必要的工具和绝缘工具以及牢固的绳索等，并紧急呼救。救护人员应在确认触电者已与电源隔离，且救护人员本身所涉环境安全距离内无危险电源时，方能接触伤员进行抢救，并应注意防止发生高空坠落的可能性。

急救步骤为：①触电伤员脱离电源后，应将伤员扶卧在自己的安全带上（或在适当地方躺平），并注意保持伤员气道通畅。②救护人员迅速按判定反应、呼吸和循环情况；如伤员呼吸停止，立即口对口（鼻）吹气 2 次，再测试颈动脉，如有搏动，则每 5s 继续吹气一次，如颈动脉无搏动时，可用空心拳头叩击心前区 2 次，促使心脏复跳。③高处发生触电，为使抢救更为有效，应及早设法将伤员送至地面。在完成上述措施后，应立即用绳索迅速将伤员送至地面，或采取可能的迅速有效措施送至平台上。在将伤员由高处送至地面前，应再口对口（鼻）吹气 4 次。④触电伤员送至地面后，应立即继续按心肺复苏法坚持抢救。现场触电抢救，对采用肾上腺素等药物应持慎重态度。如没有必要的诊断设备条件和足够的把握，不得乱用。在医院内抢救触电者时，由医务人员经医疗仪器设备诊断，根据诊断结果决定是否采用。

▶▶▶ 111. 现场校验带电作业中触电如何脱离电源？

（1）脱离电源就是要把触电者接触的那一部分带电设备的开关、刀闸或其他断路设备断开；或设法将触电者与带电设备脱离。在脱离电源中，救护人员既要救人，也要注意保护自己。触电者未脱离电源前，救护人员不准直接用手触及伤员，因为有触电的危险。如触电者处于高处，解脱电源后会自高处坠落，因此，要采取预防措施。

（2）触电者触及低压带电设备，救护人员应设法迅速切断电源，如拉开电源开关或刀闸，拔除电源插头等；或使用绝缘工具、干燥的木棒、木板、绳索等不导电的东西解脱触电者，也可抓住触电者干燥而不贴身的衣服，将其拖开，切记要避免碰到金属物体和触电者的裸露身躯；也可戴绝缘手套或将手用干燥衣物等包起绝缘后解脱触电者；救护人员也可站在绝缘垫上或干木板上，绝缘自己进行救护。为使触电者与导电体解脱，最好用一只手进行。如果电流通过触电者入地，并且触电者紧握电线，可设法用干木板塞到身下，与地隔离，也可用干木把斧子或有绝缘柄的钳子等将电线剪断。剪断电线要分相，一根一根地剪断，并尽可能站在绝缘物体或干木板上。

（3）如果触电发生在架空线杆塔上，如系低压带电线路，若可能立即切断线路电源的，应迅速切断电源，或者由救护人员迅速登杆，束好自己的安全皮带后，用带绝缘胶柄的钢丝钳、干燥的不导电物体或绝缘物体将触电者拉离电源；如系高压带电线路，又不可能迅速切断电源开关的，可采用抛挂足够截面的适当长度的金属短路线方法，使电源开关跳闸。抛挂前，将短路线一端固定在铁塔或接地引下线上，另一端系重物，但抛掷短路线时，应注意防止电弧伤人或断线危及人员安全。不论是何级电压线路上触电，救护人员在使触电者脱离电源时要注意防止发生高处坠落的可能和再次触及其他有电线路的可能。

（4）救护触电伤员切除电源时，有时会同时使照明失电，因此应考虑事故照明、应急灯等临时照明。新的照明要符合使用场所防火、防爆的要求，但不能因此延误切除电源和进行急救。

112. 现场校验中如何处理脱离电源后的触电伤员？

（1）伤员的应急处理：触电伤员如神志清醒者，应使其就地躺平，严密观察，暂时不要站立或走动；触电伤员如神志不清者，应就地仰面躺平，且确保气道通畅，呼叫伤员或轻拍其肩部，以判定伤员是否意识丧失。禁止摇动伤员头部呼叫伤员。

（2）呼吸、心跳情况的判定：触电伤员如意识丧失，应在10s内用看、听、试的方法判定伤员呼吸心跳情况。看——看伤员的胸部、腹部有无起伏动作；听——用耳贴近伤员的口鼻处，听有无呼气声音；试——试测口鼻有无呼气的气流，再用两手指轻试一侧（左或右）喉结旁凹陷处的颈动脉有无搏动。若看、听、试结果，既无呼吸又无颈动脉搏动，可判定呼吸心跳停止。

（3）触电伤员呼吸和心跳均停止时，应立即采取心肺复苏术的三项基本措施，即通畅气道；口对口（鼻）人工呼吸；胸外按压（人工循环），正确进行就地抢救。

（4）按压吹气1min后，应用看、听、试方法在5~7s时间内完成对伤员呼吸和心跳是否恢复的再判定。若判定颈动脉已有搏动但无呼吸，则暂停胸外按压，而再进行 2 次口对口人工呼吸，接着每 5s 吹气一次（即每 min 12 次）。如脉搏和呼吸均未恢复，则继续坚持心肺复苏法抢救。在抢救过程中，要每隔数分钟再判定一次，每次判定时间均不得超过 5～7s，在医务人员未接替抢救前，现场抢救人员不得放弃现场抢救。

第四节　安全工器具使用与保管

>> 113. 现场校验安全用具有哪些？

绝缘安全用具分为两种：一是基本绝缘安全用具；二是辅助绝缘安全用具。

（1）基本绝缘安全用具：绝缘强度足以抵抗电气设备运行电压的安全用具。高压设备的基本绝缘安全用具有绝缘棒、绝缘夹钳和高压试电笔等。低压设备的基本绝缘安全用具有绝缘手套、装有绝缘柄的工具和低压试电笔等。

（2）辅助绝缘安全用具：绝缘强度不足以抵抗电气设备运行电压的安全用具。高压设备的辅助绝缘安全用具有绝缘手套、绝缘鞋、绝缘垫及绝缘台等。低压设备的辅助绝缘安全用具有绝缘台、绝缘垫及绝缘鞋（靴）等。

>> 114. 安全用具绝缘棒如何正确使用？

绝缘棒俗称令克棒，一般用电木、胶木、塑料、环氧玻璃布棒或环氧玻璃布管制成。在结构上可分为工作部分、绝缘部分和手握部分；绝缘棒用以操作高压跌落式熔断器、单极隔离开关、柱油断路器及装卸临时接地线等。具体使用过程中应注意：

（1）操作前，棒表面应用清洁的干布擦净，使棒表面干燥、清洁。

（2）操作时应戴绝缘手套，穿绝缘靴或站在绝缘垫（台）上。

（3）操作者的手握部位不得越过隔离环。

（4）绝缘棒的型号、规格必须符合规定，切不可任意取用。

（5）在下雨、下雪或潮湿的天气，室外使用绝缘棒时，棒上应装有防雨的伞形罩，使绝缘棒的伞下部分保持干燥。没有伞形罩的绝缘棒，不宜在上述天气中使用。

（6）在使用绝缘棒时要注意防止碰撞，以免损坏表面的绝缘层。绝缘棒应存放在干燥的地方，一般将其放在特制的架子上，绝缘棒不得与墙或地面接触，以免碰伤其绝缘表面。

（7）绝缘棒应按规定进行定期绝缘试验。

▶▶ 115. 安全用具绝缘夹钳如何正确使用？

绝缘夹钳是在带电的情况下，用来安装或拆卸高压保险器或执行其他类似工作的工具。在 35kV 及以下的电力系统中，绝缘夹钳列为基本安全用具之一。但在 35kV 以上的电力系统中，一般不使用绝缘夹钳。绝缘夹钳与绝缘棒一样也是用电木、胶木或在亚麻仁油中浸煮过的木材制成。它的结构包括三部分，即工作部分、绝缘部分与手握部分，具体使用过程中应注意：

操作前，绝缘夹钳的表面应用清洁的干布擦拭干净，使钳的表面干燥、清洁。

（1）操作时，应戴上绝缘手套，穿上绝缘靴及戴上防护眼镜，必须在切断负载的情况下进行操作。

（2）在潮湿天气中，只能使用专门的防雨夹钳。

（3）绝缘夹钳必须按规定进行定期试验。

▶▶ 116. 安全用具验电器如何正确使用？

为能直观地确定设备、线路是否带电，使用验电器检测是一种既方便又简单的方法。验电器按电压分为高压验电器和低压验电器两种：

高压验电器又分发光型、声光型、风车式三类。发光型高压验电器一般由指示器部分、绝缘部分、罩护环、握手部分等组成；声光型高压验电器一般由检测部分、绝缘部分、握柄部分组成。检测部分由检测头和声光元件组成，当接收到电场信号，能发声光的元件就发出指示信息。此类验电器的特点是在发光型验电器中装入了有电报警器，它是反应电场效应而作用音响器发声的原理制成的；风车式验电器是通过电晕放电而产生的电晕风，驱使金属叶片旋转来检测设备是否带电。风车验电器由风车指示器和绝缘操作杆组成。具体使用过程中应注意：

（1）使用前应将验电器在确有电源处试测，证明验电器确实良好，方可使用。

（2）验电器绝缘手柄较短，使用时应特别注意手握部位不得超过隔离环。

（3）使用时，应逐渐靠近被测物体，直到氖灯亮，只有氖灯不亮时，才可与被测物体直接接触。

（4）室外使用验电器，必须在气候条件良好的情况下。在雪、雨、雾及湿度较大的情况下，不宜使用。

低压验电器俗称电笔，其结构与高压验电器大致相同，验电笔只能在 380V 及以下的电压系统和设备上使用，当用验电笔的笔尖接触低压带电设备时，氖灯即发出红光。电压越高发光越亮，电压越低发光越暗。因此从氖灯发光的亮度可判断电压高低。验电器的几种用法：

（1）相线与零线的区别：在交流电路里，当验电器触及导线（或带电体）时，发亮的是相线，正常情况下，零线不发亮。

（2）交流电与直流电的区别：交流电通过验电笔时，氖管里的两个极同时发亮。直流电通过验电笔时，氖管里只有一个极发亮。

（3）直流电正负极的区别：把验电笔连接在直流电极上，发亮的一端（氖灯电极）为正极。

（4）正负极接地的区别：发电厂和电网的直流系统是对地绝缘的。人站在地上，用验电笔去触及系统的正极或负极，氖管是不应该发亮的。如果发亮，说明系统有接地现象。如亮点在靠近笔尖一端，则是正极有接地现象。如果亮点在靠近手指的一端，则是负极有接地现象。若接地现象微弱，不能达到氖管的起辉电压时，虽有接地现象，氖管仍不会发亮。

（5）电压高低的区别：一支自己经常使用的验电笔，可以根据氖管发亮的强弱来估计电压的大约数值。因为在验电笔的使用电压内，电压越高，氖管越亮。

（6）相线碰壳：用验电笔触及电气设备的外壳（如电机，变压器外壳等），若氖管发亮，则是相线与壳体相接连（或绝缘不良），说明该设备有漏电现象，如果在壳体上有良好的接地装置，氖灯不会发亮。

（7）设备（电机、变压器等）各相负荷不平衡或内部匝间、相间短路及三相交流电路中性点移位时，用验电笔测量中性点，就会发亮。这说明该设备的各相负荷不平衡，或者内部有匝间或相间短路。上述现象只在故障较为严重时才能反映出来。因为验电笔要在达到一定程度的电压以后，才能起辉。

（8）线路接触不良或不同电气系统互相干扰时，验电笔触及带电体氖灯闪亮，则可能是线头接触不良，也可能是两个不同的电气系统互相干扰。这种闪亮现象，在照明灯上能很明显地看出来。

》》117. 安全用具绝缘手套如何正确使用？

绝缘手套是用绝缘性能良好的特种橡胶制成，要求薄、柔软、有足够的绝缘强度和机械性能。绝缘手套可以使人的两手与带电体绝缘，防止人手触及同一电位带电体或同时触及不同电位带电体而触电，在现有的绝缘安全用具中，使用范围最广，用量最多。按所用的原料可分为橡胶和乳胶绝缘手套两大类。绝缘手套的规格有12kV 和 5kV 两种。12kV 绝缘手套最高试验电压达 12kV，在 1kV以上的高压区作业时，只能用作辅助安全防护用具，不得接触有电设备；在 1kV 以下电压区作业时，可用作基本安全用具，即戴手套后，两手可以接触 1kV 以下的有电设备（人身其他部分除外）。5kV绝缘手套适用于电力工业、工矿企业和农村中一般低压电气设备。在电压 1kV 以下的电压区作业时，用作辅助安全用具；在 250V 以下电压区作业时，可作为基本安全用具；在 1kV 以上的电压区作业时，严禁使用此种绝缘手套。

》》118. 安全用具绝缘靴（鞋）如何正确使用？

绝缘靴（鞋）的作用是使人体与地面绝缘，防止试验电压范围内的跨步电压触电。绝缘靴（鞋）只能作为辅助安全用具。绝缘靴（鞋）有 20kV 绝缘短靴、6kV 矿用长筒靴和 5kV 绝缘鞋。20kV 绝缘靴的绝缘性能强，在 1～220kV 高压电区可用作辅助安全用具；对 1kV 以下电压也不能作为基本安全用具，穿靴后仍不能用手触及带电体。6kV 长筒靴适于井下采矿作业，在操作 380V 及以下电压的电气设备时，可作为辅助安全用具，特别是在低压电缆交错复杂、作业面潮湿或有积水、电气设备容易漏电的情况下，可用绝缘长筒靴防止脚下意外触电事故。5kV 绝缘鞋也称电工鞋，单鞋有高腰式（同农田鞋）和低腰式（同解放鞋）两种；棉鞋有胶鞋式和活帮式两种。按全国统一鞋号，规格有 22 号（35 码）至 28 号（45 码）。5kV 绝缘鞋适用于电工穿用，在电压 1kV 以下作为辅助安全用具，1kV 以上禁止使用。在 5kV 以下的户外变电所，可用于防跨步电压（即当电气设备碰壳或线路一相接地时，人的两脚站立处之间呈现的电位差）对人体的危害。

▶▶ 119. 安全用具绝缘垫如何正确使用？

绝缘垫是一种辅助安全用具，一般铺在配电室的地面上，以便在带电操作断路器或隔离开关时增强操作人员的对地绝缘，防止接触电压与跨步电压对人体的伤害。也可铺在低压开关附近的地面上，操作时操作人员站在上面，用以代替使用绝缘手套和绝缘靴。绝缘垫应定期进行绝缘试验。

▶▶ 120. 安全用具绝缘台如何正确使用？

绝缘台是一种辅助安全用具，可用来代替绝缘垫或绝缘靴。绝缘台的台面一般用干燥、木纹直而且无节的木板拼成，板间留有一定的缝隙（不大于 2～5cm），以便于检查绝缘脚（支持绝缘子）是否有短路或损坏，同时也可节省木料，减轻重量。台面尺寸一般不小于 75cm×75cm，大于 150cm×100cm。台面用四个绝缘子支持。为了防止在台上操作时造成颠覆或倾倒，要求台面部分的边缘不应伸出绝缘脚外。绝缘脚的长度不小于 10cm。

绝缘台可用于室内或室外的一切电气设备。当在室外使用时，应将其放在坚硬的地面上，附近不应有杂草，以防绝缘子陷入泥中或草中，降低绝缘性能。绝缘台也可用 35kV 以上的高压支持绝缘子作脚。这种绝缘台由于具有较高的绝缘水平，雨天需要在室外倒闸操作时用作辅助安全用具较为可靠。绝缘台的试验电压为 40kV，加压时间为 2min。定期试验一般每 3 年进行一次。

▶▶ 121.　一般防护用具如何正确使用？

一般防护用具包括临时接地线、隔离板、遮栏、各种安全工作牌、安全腰带等。

（1）携带型接地线：当高压设备停电检修或进行其他工作时，为了防止停电设备突然来电和邻近高压带电设备对停电设备所产生的感应电压对人体的危害，需要用携带型接地线将停电设备已停电的三相电源短路接地，同时将设备上的残余电荷对地放掉。实验证明，接地线对保证人身安全十分重要。现场工作人员常称携带型接地线为"保命线"。携带型接地线主要由短路各相的导线、接地用的导线及将上述两种导线接到设备停电部分和接地装置上的连接器（也称线卡子）等三部分组成。短路各相用的导线采用多股软铜线，其截面积应能满足短路时热稳定的要求，即在较大短路电流通过时，导线不会因产生高热而熔化。为了保证有足够的机械强度，截面积不应小于 $25mm^2$。携带型接地线的连接器（线卡子或线夹）装上后，要求接触良好，并有足够的夹持力，防止在短路电流幅值较大时，由于接触不良而熔断，或由于夹持力不够，当受短路电流的电动力作用时发生脱落。携带型接地线有统一编号和固定存放位置。在存放接地线的位置上也要有编号，以便将接地线按照相对应的编号放在固定的位置，即"对号入座"。为了保证接地线、各连接器与设备的导电部分均接触良好，一般在安装设备时，将设备的导电部分和接地装置的接地线以及可能装设接地线的地方擦拭干净，并在表面镀锡，作为标志。

（2）隔离板和临时栏：在高压电气设备上进行部分停电工作时，为了防止工作人员走错位置，误入带电间隔或接近带电设备至危险距离，一般采用隔离板、临时遮栏或其他隔离装置进行防护；隔离板用干燥的木板做成。高度一般不小于1.8m，下部边沿离地面不超过10m。板上有明显的警告标识"止步，高压危险"。隔离板要求轻便，制作牢固、稳定，不易倾倒。隔离板也可做成栅栏形状，既轻便又省料。在室外进行高压设备部分停电作业时，用线网或绳子拉成遮栏，称为临时遮栏。一般可在停电设备的周围插上铁棍，将线网或绳子挂在铁棍上。这种遮栏要求对地距离不小于1m。

（3）安全腰带：安全腰带是防止坠落的安全用具。用皮革、帆布或化纤材料制成。安全腰带由大小两根带子组成，小的系在腰部偏下作束紧用，大的系在电杆或其他牢固的构件上，不许用一般绳带代替安全腰带。

▶▶ 122. 安全用具如何存放与检查？

使用安全用具前应检查表面是否清洁，有无裂纹、钻印、划痕、毛刺、孔洞、断裂等外伤。定期检验除包括日常检查内容外，还要定期进行耐压试验和泄漏电流试验。安全用具使用完毕后，应存放于干燥通风处，并符合下列要求：

（1）绝缘杆应悬挂或架在支架上，不应与墙接触。

（2）绝缘手套应存放在密闭的橱内，并与其他工具仪表分别存放。

（3）绝缘靴应放在橱内，不应代替一般套鞋使用。

（4）绝缘垫和绝缘台应经常保持清洁、无损伤。

（5）高压试电笔应存放在防潮的室内，并放在干燥的地方。

（6）安全用具和防护用具不许当其他工具使用。

▶▶ 123. 如何正确识别安全标示？

安全色：安全色是表达安全信息含义的颜色，表示禁止、警告、指令、提示等。国家规定的安全色有红、蓝、黄、绿四种颜色。红色表示禁止、停止；蓝色表示指令、必须遵守的规定；黄色表示警告、注意；绿色表示指示、安全状态、通行。为使安全色更加醒目的反衬色叫对比色。国家规定的对比色是黑白两种颜色。安全色与其对应的对比色是：红一白、黄一黑、蓝一白、绿一白。黑色用于安全标志的文字、图形符号和警告标志的几何图形。白色作为安全标志红、蓝、绿色的背景色，也可用于安全标志的文字和图形符号。在电气上用黄、绿、红三色分别代表三个相序；涂成红色的电器外壳是表示其外壳有电；灰色的电器外壳是表示其外壳接地或接零；线路上黑色代表工作零线；接地扁钢或圆钢涂黑色。用黄绿双色绝缘导线代表保护零线。直流电中红色代表正极，蓝色代表负极，信号和警告回路用白色。

安全标识：安全标识是提醒人员注意或按标识上注明的要求去执行，保障人身和设施安全的重要措施。安全标识一般设置在光线充足、醒目、稍高于视线的地方。对于隐蔽工程（如埋地电缆）在地面上要有标识桩或依靠永久性建筑挂标识牌，注明工程位置；对于容易被人忽视的电气部位，如封闭的架线槽、设备上的电气盒，要用红漆画上电气箭头。另外在电气工作中还常用标识牌，以提醒工作人员不得接近带电部分、不得随意改变刀闸的位置等。移动使用的标识牌要用硬质绝缘材料制成，上面有明显标识，均应根据规定使用。

第四章

现 场 校 验 操 作

第一节 现 场 校 验 接 线

》》 124. 如何选择现场校验仪精度等级?

现场校验仪常以最大引用误差作为判断精度等级的尺度。人为规定:取最大引用误差百分数的分子作为检测仪器(系统)精度等级的标志,也即用最大引用误差去掉正负号和百分号后的数字来表示精度等级,精度等级用符号 g 表示。为统一和方便使用,测量指示仪表的精度等级 g 通常分为 0.1、0.2、0.5、1.0、1.5、2.5、5.0 七个等级,这也是工业检测仪器(系统)常用的精度等级。检测仪器(系统)的精度等级的选择根据其最大引用误差的大小并以选大不选小的原则就近套用上述精度等级得到。

》》 125. 现场校验仪的主要功能有哪些?

(1)校验电能表电能误差,校核各种电能表常数。

(2)校验同一回路中的主副表或同一回路中的有功、无功表。

(3)校验电压、电流、功率、功率因数、相位和频率等电工仪表。

(4)测量现场各相电参数指标(U、I、P、Q、Φ、F),同时测量并显示三个电压、电流的波形。

(5)测量 TA 变比,测量 TV、TA 二次负荷。

(6)测量三相电压、电流的谐波。

(7)在四个象限识别电能表错误接线,显示任意接线的六角图,识别 IB 接入与 TV、TA 极性接反的情况,作为六角图进行查线。

（8）电池供电、在线取电、外接电源等多种供电方式选择。

（9）支持小于 5mA 小电流测试，方便首检无负荷时接线识别。

（10）存储全部测量数据，包括工作参数，方便事后分析。

126. 单相电能表现场校验如何进行接线？

校验单相电能表接线方法：将仪器 A 相电压端接入所测电能表"火"线，U0 接入"零"线；将 A 相电流钳夹到电能表电流线；脉冲输入装置接入电能表光电插座。

（1）当仪器从火线的进线口取电压时，钳表应接到火线出线上，否则会影响校验误差准确度。

（2）当仪器从火线的出线口取电压时，钳表应接到火线进线上，否则会影响校验误差准确度。

从火线的进线口取电压接线方式如图 4-1 所示。

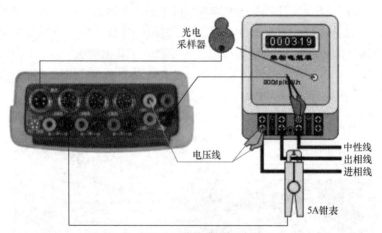

图 4-1　相线的进线口取电压接线方式

从火线的出线口取电压接线方式如图 4-2 所示。

脉冲输入连接，现场检定电能表时，我们用光脉冲采集器对准被检表的光脉冲口或者用电脉冲采集器接到被检表的电脉冲输出口。

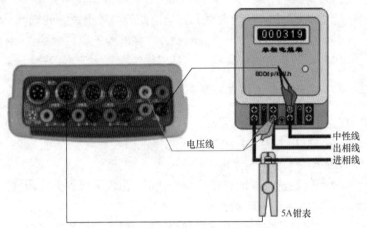

图 4-2　相线的出线口取电压接线方式

▶▶ 127.　三相电能表现场校验如何进行接线？

（1）校验三相三线制电能表接线方法。在校验三相三线电能表时，仪器的 Ua、Uc、COM（三相三线测量时 B 相电压必须接到电压端子的公共端 COM）电压端子分别接入所测电能表 Ua、Uc、Ub，仪器 A、C 相电流端接入电能表 Ia、Ic，脉冲输入装置接入电能表光电插座。如图 4-3 所示。

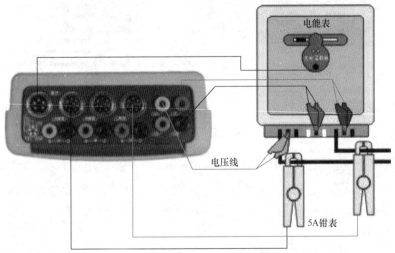

图 4-3　校验三相三线制电能表接线图

（2）校验三相四线制电能表接线方法。在测三相四线时，将仪器的 Ua、Ub、Uc、COM 电压端子分别接入所测电能表 Ua、Ub、Uc、COM；仪器 A、B、C 相电流端接入电能表 Ia、Ib、Ic；脉冲输入装置接入电能表光电插座。如图 4-4 所示。

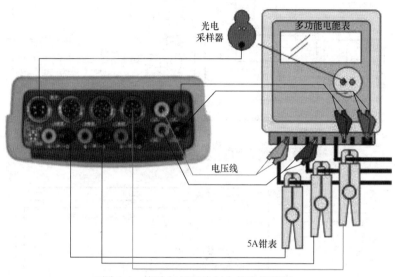

图 4-4 校验三相四线制电能表接线图

▶▶ 128. 现场校验中如何进行脉冲输入连接？

根据采用的校验方式，我们用光脉冲采集器对准被检表的光脉冲口或者用电脉冲采集器接到被检表的电脉冲输出口。

▶▶ 129. 无功误差测量的接线方式有哪些？

现场校验电能表无功误差时，我们用光脉冲采集器对准被检表的"多功能"光脉冲口或者用电脉冲采集器接到被检表的"多功能"电脉冲输出口。除脉冲输入线以外，其他电气连接线同有功脉冲校验接线，具体如图 4-5 和图 4-6 所示。

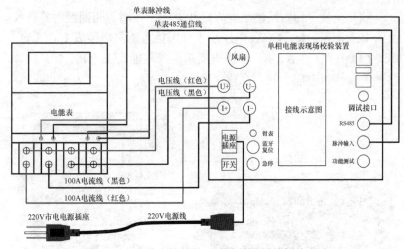

图 4-5　电流线内接法的无功误差测量的接线方式

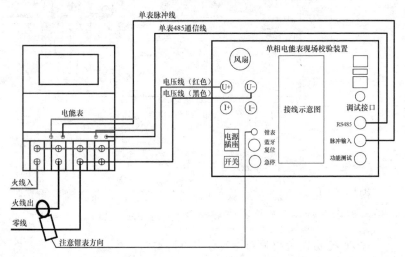

图 4-6　电流线钳接法的无功误差测量的接线方式

▶▶ 130. 现场接线需要注意的问题有哪些?

（1）不能将脉冲线的夹子夹到电能表的电压端子。

（2）不能将电压端子线插到电流端子口上。

（3）不能将电流端子线插到电压端子口上。

（4）正确选择工作电源。

（5）正确选择电流量程，电流量程一般不要超过额定值的220%。

（6）三相三线测量时B相电压必须接到电压端子的公共端COM。

（7）每只钳表分进出端："进"端表示电流进、"出"端表示电流出，不得接反。

（8）钳表颜色代表相别：黄—A相、绿—B相、红—C相。

（9）不同相的钳表不要互换使用，否则会影响测量精度。

131. 现场校验如何判断接线是否正确？

（1）电压、电流接线没有相互接错。

（2）电压、电流回路没有短路、断路。

（3）三相电能表各相电压、电流值基本相等。

（4）三相负荷基本平衡，当各相负荷不平衡时，应根据电压接线相序关系及实际负荷特性进行最终确认。

对于三相三线和三相四线电能表，其接线判定方法具体如表4-1所示。

表4-1　　　　三相三线和三相四线电能表接线判定方法

三相三线	三相四线
电压、电流线没有相互接错	电压、电流线没有相互接错
电压、电流回路没有短路、断路	电压、电流回路没有短路、断路
各二次线电压值相等	各二次线电压值基本相等
没有B相电流接入电能表的电流线圈	中性线接线正确
AC相的负荷基本相同	三相的负荷基本相同
电压6种组合：Ua,U0,Uc；U0,Uc,Ua；Ua,Uc,U0；U0,Ua,Uc；Uc,U0,Ua；Uc,Ua,U0	电压6种组合：Ua,Ub,Uc；Ua,Uc,Ub；Ub,Ua,Uc；Ub,Uc,Ua；Uc,Ua,Ub；Uc,Ub,Ua
电流8种组合：Ia,Ic；Ic,Ia；-Ia,-Ic；-Ic,-Ia；Ia,-Ic；Ic,-Ia；-Ia,Ic；-Ic,Ia	电流：电流信号相别组合方式有6种 电流信号的极性组合有8种 相别及极性的组合方式有6×8=48种
Uab Ucb的相角不为±60时，TV接错或开路	电压的相角不为±120时，TV接错或开路
电流回路无电流时，该路可能开路	电流回路无电流时，该路可能开路

第二节 误差校验方法

>>> 132. 电能表运行误差产生的原因有哪些?

(1) 计度器(机械)电能表:

1) 电能表轻载运行:电能表转盘转动时,上、下轴承,计度器字轮,传动齿轮及蜗杆之间产生摩擦力矩,当轻载运行时,摩擦力矩相对影响较大,产生负误差。

2) 二次压降过大:电能表电压有波动,电压工作磁通与电压之间的非线性关系会引起附加误差。当电压降低时,在电压总磁通不变的情况下,非工作磁通相对增加,工作磁通相对减少,导致转动力矩减小,引起负误差。

3) 电能表倾斜对误差的影响:当电能表的安装位置倾斜一定角度时,将会引起附加误差,原因是驱动元件对上下轴承的侧压力,随着表计的倾斜度增大,摩擦力矩增大,引起负误差。

(2) 电子式电能表:电子式电能表由于采用电子线路板,结构性能十分稳定,计量准确度优于感应式电能表,其误差一般来自实际运行中电子器件质量不佳或外部影响量的干扰等因素,影响采样回路或造成乘法器、计量芯片等失准,从而产生误差。

(3) 智能电能表:

1) 表计使用不正确:采用三相三线二元件电能表计量三相四线系统的有功电能,A、B、C 三相都可与零线构成单相回路,由于负荷不平衡,产生了零序电压,在零线中就有零序电流流过,很难满足三相电流之和为零的条件。三相四线三元件电能表中性线电阻太大产生的计量误差,有些计量点虽然采用了三相四线三元件电能表计量,但因某种原因中性线断开或施工时不注意,使中性线电阻和接触电阻过大,也会造成计量误差。

2) 电压、频率、温度变化的影响:若电能表电压线圈所加载的电压与额定电压不同,那么电压工作磁通和有关力矩随电压变化的比例也会不同,会使电能表的读数出现电压的附加误差。

3) 计量点综合误差:目前,电力部门只校验电能表的误差,对互感器的误差考核还不注重。如果所有电能表都能满足要求，但因互感器的误差二次压降过大，也可能使计量精度达不到要求。

133. 电网运行中谐波的危害有哪些？

（1）大大增加了电网中发生谐振的可能，造成很高的过电流或过电压，进而引发事故的危险性。

（2）增加附加损耗，降低发电、输电及用电设备的效率和设备利用率。

（3）使电气设备（旋转电机、电容器、变压器等）损耗增加，加速绝缘老化，从而缩短使用寿命。

（4）使继电保护、自动装置、计算机系统，以及许多用电设备运转不正常。

（5）使测量和计量仪器、仪表（如：电能表）不能正确指示或计量。

（6）干扰通信系统，降低信号的传输质量，破坏信号的正常传递，甚至损坏通信设备。

134. 电能表校准方法都有哪些？

电能表校准方法分为两种：正校法和反校法。

（1）正校法：取校验仪面板上光电脉冲信号输入及高低频信号输出端子的 FL 和 GND，输入标准表的相应端子，对校验仪进行误差校验，标准表显示的误差值即为本校验仪的相对误差值。

（2）反校法：取标准电能表的低频输出信号 FL，经本校验仪面板上光电脉冲信号输入及高低频信号输出端子的 IN 端和 GND 端输入后，置入标准电能表的低频常数即可进行校验。采用这种校准方法从校验仪读出的误差值与校验仪的实际误差值它们的绝对值是相等的，但符号相反。

135. 如何理解误差校验中的标准表法？

标准表法是用标准电能表和被检电能表一同去测量一个相同的电能，用其示值比较的方法来确定被检定电能表的误差。具体检定时，可让被检表转过一定的转数 n，标准表同时转过的圈数为 n_0，再计算出标准表的理论转数 N_0，求出被检表的误差。

$$\gamma = \frac{N_0 - n_0}{n_0} \times 100\% \qquad N_0 = \frac{C_0}{C_x} n$$

式中　　C_0——标准电能表的常数；

　　　　C_x——被检电能表的常数；

　　　　n——被检电能表转过的转数。

这种方法是让被检表转过一定的圈数读取标准表的示值，通常用手动来控制标准表的起停，这样在被检表的误差中就包含了标准表的起停误差。

▶▶ 136. 表示误差校验结果的参数都有哪些，各代表什么含义？

表示误差校验结果的参数包括 TV 变比、TA 变比、圈数设定、接线方式及电流输入选择，其具体含义如下：

（1）TV 变比：当进行高压计量直接测试时，用来输入高压计量表计所接的电压互感器比值，从而在电气测试中的一次参量中可直接换算到一次侧的电压值。

（2）TA 变比：分两种情况，当进行高压计量直接测试时，用来输入高压计量表计所接的电力互感器比值，从而在电气测试中的一次参量中可直接换算到一次侧的电流值；当进行低压计量表计直接从 TA 一次侧取样进行电表校验时，用来输入计量表计所接的电流互感器比值，才能完成正常的校验。

（3）设定圈数：指校验周期，即几圈（或几个脉冲）计算一次误差。

（4）接线方式：指被测表计的类型，包括：三线有功、三线无功、四线有功和四线无功四种方式。

（5）电流输入选择：指电流的取样方式以及不同取样方式下电流量程的选择。

▶▶ 137. 三相电能表误差校验过程中有哪些注意事项？

（1）外观检查。检查电能表是否与台账相符。检查电能表检测标记是否有效。检查保护标记、铅封和防止非授权人员改变接线、输入数据或操作的措施是否受到破坏。检查与电能表相关的 UPS、采集器、继电器、交流接触器、中间继电器。UPS 充放电；采集器确认报警信息，查看采集器电源的可靠程度；继电器、交流接触器、中间继电器工作情况是否和现场情况相符。

（2）接线检查。

1）将校验仪按相序接上连接导线，用万用表测量校验仪侧的电压、电流回路（电压回路相间阻值在 1400Ω 左右，相地阻值在 700Ω 左右）、连接导线测量确认无误后接入应测量的电能表回路，电流回路串联，电压回路并联。接通校验仪电源（无外界电源可以借用 TV 电压），打开电流试验端子，用校验仪仪表监视情况，接线人员、监视仪表人员要前后呼唤应答。校验仪和试验端子之间的连接导线应有良好的绝缘，中间不允许有接头，并应有明显的极性和相别标志。

2）检查电能表相序是否正常。

3）检查电能表接线是否正确。

4）检查电能表电池电压是否维持正常工作。

（3）检测分时记度（多费率）电能表计器读数的组合情况。分时记度（多费率）电能表和多功能电能表各计度器示数之间满足公式（4）。

$$|\Delta W_F + \Delta W_C + \Delta W_P - \Delta W_Z| \times 10^a \leqslant 2 \qquad (4)$$

式中　ΔW_F——峰计度器示数；

ΔW_C——谷计度器示数；

ΔW_P——平计度器示数；

ΔW_Z——总计度器示数；

　　a——总计度器小数窗口位数。

（4）检查电能数据采集装置与电能表间读数的相差值，电能数据采集装置收集数据应与电能表显示数据一致。

（5）电能表误差检验。校验仪通电预热 15min 后，读取校验仪数据（电压、电流、功率、功率因数、相角），检查相量图。用手动或自动方法控制转数，读取校验仪在被检表转动 n 圈或输出 n 个低频脉冲的同时输出的高频脉冲数 m，作为实测脉冲和算定脉冲相比较，算得被检电能表相对误差，记录标准表数据。

（6）被检电能表的相对误差。被检电能表的相对误差按式（5）计算。

$$\gamma_n = [(n_0 - n) / n] \times 100\% + \gamma_b \qquad (5)$$

式中　γ_b——标准电能表法检测装置在运行条件下的已定系统误差；

　　　n——实测转数；

　　　n_0——算定转数，即假定被检电能表没有误差时，标准电能表的理论转数由电能表校验仪自动给出。

▶▶▶ 138. 现场校验过程中，误差值很大且比较稳定的原因有哪些?

（1）当前线路电流大于 1A，而设置成 1A 电流挡。

（2）在输入大于 100A 时，变比设置不正确。

（3）电表常数设置错误。

（4）有功、无功设置错误。

（5）输入与输出设置错误。

（6）钳表极性接反。

（7）排除所有错误因素后，可以考虑电能表存在超差现象。

▶▶▶ 139. 如何处理现场校验中出现误差波动的情况?

（1）在阳光直射情况下，最好使用物体盖住光电采样器以防强光对光电采样器的干扰。

（2）负荷波动过大，是电表与校验仪反应速度不一样所致，可增加校验圈数以消除影响。

（3）谐波很大且不稳定往往是由于普通电能表不能对谐波进行计量所导致，此时用校验仪进行校验会造成所测误差偏大且不稳定。

▶▶▶ 140. 现场校验中综合误差较大的原因是什么?

可能有以下几个原因：

（1）现场负荷不稳定。

（2）钳表接到 TA 变比的二次电流上。

（3）TA 变比的变比值设置错误。

（4）现场谐波干扰过大。

141. 环境温度对现场校验结果有什么影响？

一般来说，校验系统是由多个子系统组成，而子系统又是由更小的子系统组成，最终细分到电阻器、电容器、电感、晶体管、集成电路、机械零件等小元件的复杂组合，其中任何一个元件发生故障都会成为系统出现故障的原因。如果环境温度变化后能维持一定的时间，使导热过程成为稳态，则对校验结果没有影响。如果在测量中环境温度发生变化，是会对检验结果造成影响，环境温度变低，测量结果偏大，反之，偏小。

142. 如何降低环境温度对现场校验结果的影响？

（1）应在环境温度尽量接近标准温度时进行测量。

（2）启动测量前要有足够的恒温时间。

（3）减少或避免温度源对设备校验带来的影响。

（4）温度变化时先不测量，等稳定后再测。

143. 为什么测试圈数不同，测出的误差结果会不同？

测试圈数：光电采样器每接收到电能表的一个脉冲或黑标，光电采样器会产生一个脉冲，圈数的含义就是校验仪接受多少次脉冲信号才计算一次误差。例如：若把圈数设为 2 圈，电能表黑标转 2 圈，仪器就计算一次误差；若把圈数增加到 N，仪器就会接受到每 N 次脉冲信号计算一次误差，此时的误差值是 N 次脉冲时间段内电能表误差的平均值，相比 2 圈时的误差结果更稳定一些。

144. 日计时误差测量的方法有哪几种？

（1）将"晶控"时间开关的时基频率检测孔（或端钮）与计时误差等于（或优于）0.05s/d 的日差测试仪的输入端相连，通电预热1h 后开始测量时间，重复测量 10 次，每次测量时间 1min，取 10次测量结果的平均值，即得瞬时日计时误差。

（2）无日差测试仪时，可将"晶控"时间开关连续运行 72h。根据电台报时声，每隔 24h 测量 1 次计时误差，取 3 次计时误差的平均值作为日计时误差。

（3）用标准时钟或频率准确度不低于 2lCTVs 的电子计数器（数字频率计）确定日计时误差。

145. 电能表日计时误差产生的原因有哪些？

（1）时钟芯片和电容不匹配造成的误差。

（2）晶振和电容温飘产生的误差。

（3）电容和晶振本身的偏差。

146. 数据记录需要包含哪些信息？

数据记录应包含测量信息，包括：电压、电流、有功功率、无功功率、视在功率，功率因数、频率、分次测量的误差值、平均误差值、分次测量误差的方差、功率稳定度、线路谐波含量率、检验时间、校验地点 GPS 信息、环境温湿度。同时还行包括校验时设备的设置信息：校验工单号、校验人员信息、电能表常数、电能表精度等级、校验圈数、电能表 ID、电流钳量程选择、脉冲输入方式、虚负载设置信息（如使用）。

147. 误差记录的化整要求是什么？

（1）检 1 级电能表误差化整方法：按化整间距 0.1 化整，把相对误差只保留小数点后第一位。保留位右边的数字对保留位来说，若大于 0.5，保留位加 1，若小于 0.5，保留位不变，若等于 0.5，保留位是偶数时不变，保留位是奇数时保留位加 1。

（2）检 0.5 级电能表的误差化整方法：按化整间距 0.05 化整，即小数点后第二位是保留位，保留位与其右边的数之和，若小于或等于 25，保留位变 0，若大于 25 而小于 75，保留位变成 5，若等于或大于 75，保留位变 0 且保留位左边那位加 1。

（3）检 2 级和 3 级电能表化整方法：按化整间距 0.2 化整，即小数点后第一位是保留位。若保留位右边不为 0，保留位是奇数时加 1，保留位是偶数时不变；若保留位右边全是 0，则保留位是偶数时不变；若保留位右边全是 0，则保留位是奇数时：

1）当保留位前一位是偶数时，对保留位的奇数 1、5、9 退成相近的偶数；奇数 3、7 则进成相近的偶数；

2）当保留位前一位是奇数时，对保留位的奇数 1、5、9 进成相近的偶数；奇数 3、7 则退成相近的偶数。

第三节　现场校验设备周期校准与保养

▶▶ 148. 电能表现场校验仪如何正确地进行保养？

（1）仪器应避免在过于潮湿的环境下存放。

（2）校验仪属高精密仪器，使用中应注意小心轻放。

（3）钳表是精密仪器，使用中应特别小心，严禁摔、丢、磕、碰，以免影响钳表性能。

（4）在取下钳表时，切勿拽线拔出，以免拽断钳表接线。

（5）严禁使用腐蚀性有机溶液擦拭仪器表面和面板。

（6）钳表的钳口应保持清洁，油污和灰尘的存在会影响测量精度，每次测试时最好用无水酒精擦拭一次。

（7）使用完毕后，擦拭钳口并妥善保存，不能和其他杂物一起放置，以免弄脏钳表。

（8）测量时，应尽量远离大电流线，特别是钳口不要靠近大电流线。

▶▶ 149. 如何开展现场校验仪的周期校准？

（1）新购入的计量、检测设备在投入使用前，必须经检定或自校合格。检定或自校不合格的，不得使用。

（2）根据设备检定、自校计划，质量管理部门提前一个月通知设备使用部门，做好检定、自校准备，以便能按期组织送检或自校。

（3）根据计量器具和检测仪器的使用地点、使用频率和对生产工艺的影响程度制定检定周期，检定周期可以选择 3 个月、6 个月、12 个月，但一般不超过 1 年。

（4）强制检定的检测仪器必须定期定点地由法定的或授权的计量检定机构检定。非强制检定的检测仪器，可由使用单位依法自行定期检定。本单位不能检定的，由有权开展量值传递工作的计量检定机构进行检定。计量检定工作应当按照经济合理、就地就近的原则进行。本单位自行检定和校准的，必须由取得计量检定员证的人员进行。

150. 电能表的现场校验周期是如何规定的？

电能表的现场检验周期是：
（1）Ⅰ类电能表每三个月检验一次。
（2）Ⅱ类电能表每半年检验一次。
（3）Ⅲ类电能表每一年检验一次。
（4）其他类型电能表自行拟定现场校验周期。

151. 为什么说电池是智能电能表运行寿命的短板？

在智能电能表中，电池是其不可缺少的元器件之一，是外部电源停电后的备用电源，尤其是外部电源停电后，需要其作为后备电源确保整个电表时钟的正常运行。电池不仅存在容量限制问题，而且元器件自身也会耗电，随着其运行时间的加长，不管采用哪种电池，均会存在失压的情况，从而导致时钟显示错误，会给智能表的安全运行带来诸多不良影响。尤其是公司阶梯式电价策略实施以来，很多企业的电费计量方式是分费率和分时段进行的，若智能电能表的时间不准确，就会导致智能电能表的记录时间与用户的用电时间不同，而在不同的时段就会产生不同的电价。在对智能电能表进行校验时，必须注重其时间的检查，尤其是应核对时钟是否正确、电池状态是否有效，并结合检查的情况进行针对性的检修和校验，才能更好地避免计量纠纷的发生。若检查过程中存在时钟超范围或电池欠压，就应及时地退补电量和更换表计，并在此基础上确保表计轮换计划得到严格的执行，预防其出现超期限服役的情况。通常情况下，时钟错误主要是由于电池欠压所导致，最终导致电量数据在转储时出现错误，这就需要校验人员严格按照电池电压规约标准，利用红外掌机或者 PAD 抄录电池的电压值，并将其与标准核定后对其进行检查，对于存在失压的电池应及时的更新，预防因此导致的电量差错。

除上述注意事项外，在实际校验工作中，还应注意电量方面的分析和判断。部分智能电能表在电量累计、存储、停电数据转储过程中，由于程序设计上的失误，会存在一定的概率导致组合电量、正向电量和反向电量不一致。此外，红外掌机抄读正向电量，而部分智能电能表液晶显示组合电量，出现红外掌机抄录电量和液晶显示电量不符。由于目前普遍采用红外掌机抄读电表电量，并据此和用户进行结算，这样就会造成计量纠纷。所以在校验电表过程中，必须对液晶显示电量和红外掌机抄读电量进行检查，避免出现差错。

第五章

现场校验工作流程

第一节 现场校验计划制定

▶▶ 152. 如何开展标准化电能表现场校验作业?

标准化的电能表现场校验作业流程包括:

(1)完成工作许可手续后,工作负责人向工作班成员交代工作内容、工作环境、工作安全要点,并按照工作票上所列危险点进行分析并布置预控措施。

(2)检查校验连接导线应有良好的绝缘,中间不允许有接头,并应有明显的极性和相别标识。

(3)接好校验仪的所有接线,要求正确且连接可靠。

(4)在监护人的监护下,工作人员查找核对被检电能表的工作屏位置、线路名称、调度编号是否正确无误。

(5)检查计量装置封印设备是否完好。

(6)查找并核对被检电能表的电流、电压端子。

(7)在监护人的监护下,用钳型万用表测试被检电能表的电流、电压值。

(8)在监护人的监护下,将电能表二次电流正确接入校验仪,要求戴绝缘手套。

(9)在监护人的监护下,将电能表上的电压正确接入校验仪,要求戴绝缘手套。

(10)开启校验仪,设置检验的参数值,然后打开电流回路试验端子,并通过标准器显示的电流值来监视是否接入可靠,严禁在检验过程中使电流回路开路、电压回路短路或接地。

(11)在电能表校验仪达到热稳定后,且负荷相对稳定的状态下,测定被检电能表的误差,测定次数不得少于 3 次,当实际误差在最大允许值的 80%～120%，至少应再增加 2 次测量。

（12）做好（或保存好）原始检定记录。

（13）恢复电流试验端子，必须牢固可靠，同时通过校验仪监视电流的大小，以保证可靠连接。

（14）在校验仪监视下，依次拆除接至被检电能表侧的电压、电流连接线，要求戴绝缘手套。

（15）检定合格后完善铅封、合格证、客户签字认可资料。

（16）拆除校验仪侧的连接线，清理恢复工作现场，办理工作票终结手续。

（17）当现场检测电能表的误差超过其等级指标时，应及时出具电能表更换工作传单或校表通知单。

153. 现场校验各环节的数据如何进行处理？

（1）现场校验环节：现场校验完成后，基层供电所现场校验人员应在仪器中保存校验数据，并填写纸质工单，在工单上记录现场校验的基本客户情况和检测环境情况，工单上填写的校验数据应与仪器中保存的数据一致，工单应由现场校验人员、核验人员共同确认记录信息的正确性，用于后续工作过程中的数据比对和核查。现场校验人员不能随意删除仪器上保存的校验记录。

（2）数据存储及上传环节：现场校验数据存储于仪器中，应在上传服务器前建立三级审核机制，现场由校验人员和核验人员确认数据，交由校验单位计量专业负责人做最终核查，检查仪器记录数据与工单数据是否一致，核查工单记录的现场条件是否满足工作需要，确认数据是否合理，经核验无误，将纸质工单扫描件与仪器记录的数据一同发送至服务器，用于后续核验比对工作。

（3）数据核验环节：电能计量中心负责核验、汇总现场校验数据和工单。将仪器上传数据与工单一一核对，确认工单记录现场基本信息、环境条件符合工作要求，确认校验表计信息与计划一致，确认现场校验数据在合理范围之内。核验通过后，以周为单位汇总统计数据，提交给政府依法设置的计量检定机构。对于在核验中发现问题的工单，首先与仪器中保存的数据进行再次核对，确认有问题的，记录问题工单，将问题以周为单位进行反馈并考核。

（4）数据监督：政府依法设置的计量检定机构负责对校验数据进行监督，拥有数据服务器权限，可随时对校验上传数据进行抽查。

（5）数据接收：政府依法设置的计量检定机构接收到电能计量中心发送的校验数据后，进行必要的核查比对，确认后完成接收手续。

154. 现场校验数据管理的要求有哪些？

（1）校验数据应具有防篡改措施：现场校验仪在校验过程中应设计防篡改功能，一旦校验完成，校验数据自动存储并无法更改，且设备无法手动输入校验数据。原始数据文件的属性为只读，无法修改。校验仪中存储的数据应是原始数据，后续比对核验工作均以校验仪中存储的数据为准。

（2）应设置数据比对环节：现场校验需由工作人员现场手工录入纸质单据，用于在后续传输过程中进行比对。一旦后续环节发现上传数据与纸质单据不一致，需要读取校验仪存储的原始数据进行确认，并重新传输，避免传输环节发生数据异常问题。

（3）应具有可靠的数据传及存储技术措施：现场校验仪应可通过无线公网直接将校验数据上传至公共服务器。公共服务器由电能计量中心负责管理，用于收集、汇总及审核现场校验数据。政府依法设置的计量检定机构可对公共服务器数据进行监督检查，防止数据发生异常问题。

155. 如何编制及下发现场校验明细？

应依据政府计量行政部门下发的工作通知以及政府依法设置的计量检定机构下发的《电能表运行质量监督评价风险筛查表》，结合智能电能表安装运行情况，制定现场校验电能表明细，形成《电能表运行质量监督评价现场校验明细表》。现场校验明细应明确用户信息、用户地址、表计信息、表计风险等级和工作完成时限。

现场校验明细应符合政府计量行政部门和政府依法设置的计量检定机构下发文件的要求，应包含制定现场工作计划必需的信息。明细表应包含政府依法设置的计量检定机构筛查出的全部极高风险等级智能电能表。筛选出的智能电能表信息应准确无缺失，应明确标识智能电能表的风险等级。明细表应按供电公司、供电所进行分类排列。

156. 如何制定现场校验计划？

应根据电能计量中心下发的现场校验明细表，结合地区情况，按供电所和电能表风险等级，形成现场校验计划表。现场校验计划应按日安排，落实到日张贴通知数量和日现场校验数量。每周按照实际情况上报现场校验周报。

下发的现场校验计划要做到可实施性强，确保按期完成要求数量。对于因各种原因未能现场校验的电能表，需在现场校验周报中表明未校验原因，并在下周计划中将数量补齐。

第二节　用户告知与沟通

157. 如何进行现场校验工作的告知？

应与小区居委会或物业说明工作开展情况，并发放现场校验告知书。应物业或居委会进行协商，确定具体黏贴位置及方式。应按照现场校验工作计划，现场逐户黏贴现场校验告知书并拍照留存。

政府文件及校验通知应送至物业或居委会并进行有关事项的洽谈。校验通知的黏贴位置应统一位于客户家门外的醒目位置。校验通知应使用统一规格打印纸进行打印，并加盖现场校验实施部门公章。校验通知上应留有校验部门联系方式。

现场校验告知书建议格式如下：

智能电表现场校验告知书

尊敬的客户您好：

为贯彻落实计量法制化管理要求，进一步加强电能表运行质量监督，科学分析电能表运行质量，提升电力服务水平，受××市场监督管理局委托，××电力公司计划于××年××月××日×时至×时，对您家使用的电表进行现场校验，届时请您家中留人配合工作。

如果您在现场校验期间家中无法留人，可拨打下方业务咨询电话预约具体时间，感谢您的理解与配合！

业务咨询电话：××

工作监督电话：××

××电力公司

××年××月××日

▷▷ 158. 到达现场后如何向客户出示政府文件并告知相关事宜？

到达现场应着装整齐，做到"轻敲门，短摁铃"，使用文明礼貌用语，不在工作现场吸烟、乱扔杂物。

应向客户说明情况，请客户配合现场校验工作，如同意，方可开展后续工作。应与客户核对客户编号及用电地址。

应按照以下标准文明用语与客户交流："您好，我们是××供电部门工作人员，受政府计量行政部门委托正在开展电能表现场校验工作，根据计划安排，将对您家电表进行现场校验，请您配合我们工作。"

现场工作人员应主动向客户出示政府文件，并向客户主动介绍有关问卷调查情况，应面带微笑与客户沟通。工作人员需逐户开展有关告知工作，应着装整洁并于胸前明显位置佩戴工作证。工作人员在与客户沟通过程中应注意文明礼貌，严禁出现言语生硬、态度蛮横、相互推诿、辱骂、威胁等不文明行为。

第三节 工作前工器具准备

▶▶ 159. 如何进行现场校验安全工器具的准备？

（1）应准备在合格期内的安全工器具。

（2）应正确佩戴劳动防护用品。

（3）工作负责人应穿戴工作负责人红马甲。

（4）安全帽应在试验合格期限内。

（5）改锥、钳子等工器具应进行绝缘处理。

（6）低压验电笔应能够良好使用。

（7）绝缘梯凳应确保牢固，并符合相关安全规程要求。

（8）检查校验仪应能工作正常。

（9）检查执法记录仪应能正常使用。

▶▶ 160. 如何准备现场工作单据？

前往现场作业前应打印现场校验计划表、现场校验告知书、现场校验工作通知、计量装置检定送检协议、电力线路第二种工作票、危险点控制单、调查问卷等。

现场作业前应填写电力线路第二种工作票及危险点控制单。应核对工作票信息、单位名称与实际施工单位名称是否一致。应核对工作票签发人、时间与计划时间填写是否正确。应核对现场工作人与危险点控制单上的人员名字、人员数量是否一致。

应确保打印内容字迹清晰，信息准确。确保工作负责人与签发人不能是同一人。工作计划时间与签发人签发时间不能一致，签发人签发时间应提前工作计划时间至少 5min。危险点控制单应与线路第二种工作票配套使用。危险点控制单工作人员签名处要每个工作人员亲笔签名，不可代签。

第六章

错 接 线 判 别 与 纠 正

第一节　单相电能表错接线判别

▶▶▶ 161. 单相电能计量装置接线形式有哪些?

　　单相电能计量装置接线形式有两种: 一种是直接接入式, 一种是通过互感器接入式。单相电路采用单相表进行有功计量, 接线图如图 6-1 所示。电能表的电流线圈与相线串联, 电压线圈跨接在相线与零线之间, 图 6-2 中黑点 "·" 是同名端, 表示电流进出方向。电流从 "·" 流进为 "正", 电压从 "·" 端指向另一端。

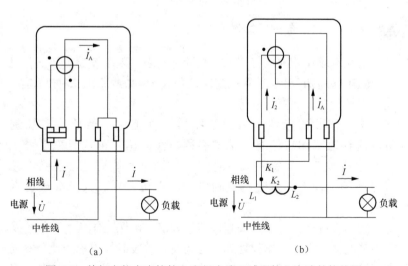

图 6-1　单相电能表直接接入和经电流互感器接入电路的接线图

（a）直接接入式；（b）通过互感器接入式

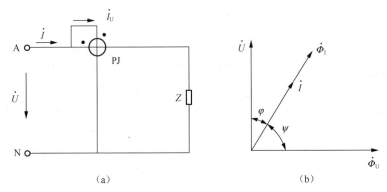

图 6-2 单相电路有功电能的测量线路图及相量图

（a）线路图；（b）相量图

▶▶ 162. 单相电能计量装置常见的故障有哪些?

（1）相线与零线接反。正常情况下运行是没有问题，但客户若将用电设备接到火线与大地之间时（如经暖气管道等），将造成电能表少计或不计电量，带来窃电的隐患。

（2）电源线的进出线接反。此时，由于电流线圈同名端反接，故电能表要反转。

（3）电压连接片没接上。此时电压线圈上无电压，电能表不计量。

（4）电能表发生"串户"。电能表的客户号与客户门牌号不对应，易造成电费纠纷。

（5）电能表可能发生擦盘、卡字、死机、潜动等，影响正确计量。

▶▶ 163. 单相电能计量装置故障排查关注的重点有哪些?

（1）检查计量箱、表计的锁头、铅封、铅印是否完好。

（2）检查电能表运行声音是否正常。

（3）核对表号、资产号、户号是否正确。

（4）注意观察转动情况或信号灯的闪动是否正常。

（5）检查表计的导线是否有破皮、松动、脱落、短接、短路等现象。

（6）带有电流互感器的计量装置应注意检查互感器的铭牌、接线、二次侧是否有短路或断路情况。

▶ 164. 单相电能表错接线判别方式都有哪些?

电能表错误接线的检查方法主要分为带电检查法和断电检查法两种。每种检查法的适用情况各不相同,具体检查过程如下:

(1)带电检查法。带电检查的对象是整个线路,检查步骤大致可以分为:①在电能表带电工作时,记录其转数,记录时间通常为10s,记录仪器一般采用秒表。②以前面记录的转数为依据,再结合线路中电压的变化情况,计算出线路中的功率,再将测得的功率与实际功率作对比,就可以计算出功率误差,从而就能判断电能表中是否存在错误的接线方式。

(2)断电检查法。在检查电能表接线方式是否正确时,用到断电检查的时候比较少。在断电检查中,需要将万用表作为最基础的检测工具,对线路中的电流和电压展开全面的检查。

第二节 三相三线电能表错接线判别

▶ 165. 三相三线电能计量装置接线形式有哪些?

三相三线电能计量装置接线形式可分为直接接入式和间接接入式。三相三线制电能计量装置三种接线图如图 6-3 所示。三相三线有功电能表相量图如图 6-4 所示。

▶ 166. 三相三线电能计量装置的运行有哪些注意事项?

(1)中性点非有效接地系统一般采用三相三线有功、无功电能表,但经消弧线圈等接地的计费客户且年平均中性点电流(至少每季测试一次)大于 0.1% I_v(额定电流)时,也应采用三相四线有功、无功电能表。

(2)对三相三线制接线的电能计量装置,其两台电流互感器二次绕组与电能表之间宜采用四线连接。

(3)35kV 及以下贸易结算用电能计量装置中电压互感器二次回路,不应装设隔离开关辅助接点和熔断器。

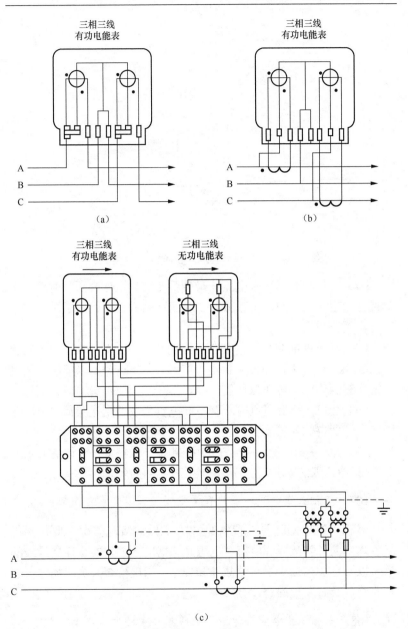

（c）

图6-3 三相三线有功电能计量的三种接线图

（a）直接接入式；（b）通过电流互感器接入；（c）通过电流、电压互感器接入

109

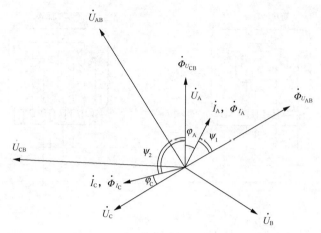

图 6-4　三相三线有功电能表相量图

（4）贸易结算用高压电能计量装置应装设电压失压计时器。未配置计量柜（箱）的，其互感器二次回路的所有接线端子试验端子应能实施铅封。

（5）高压供电的客户，宜在高压侧计量。但对 10kV 供电且容量在 315kVA 及以下，35kV 供电且容量在 500kVA 及以下的高压侧计量确有困难时，可在低压侧计量，即采用高供低计方式。

（6）客户一个受电点内若有不同电价类别的用电负荷时，应分别装设计费电能计量装置。

（7）客户用电计量均应配置专用的电能计量箱（柜），计量箱（柜）前后门（板）应能加封、加锁，并能在不启封的前提下满足抄表需要。

167. 三相三线电能计量装置常见的故障有哪些？

三相三线电能计量装置常见故障及异常情况类型主要包括电能表本身的各类故障，电流、电压互感器的故障，二次连接导线的超差以及各类错接线引起的故障和异常。用电检查人员应加强检查和监督，及时发现问题，合理解决。

168. 三相三线电能计量装置故障排查关注的重点有哪些？

（1）外观检查。主要检查计量装置的铅封、铅印，计量柜（屏）的封闭性，电能表的铭牌，电能计量装置参数配置，电流、电压互感器的运行是否正常，一、二次接线是否完好。注意观察表盘的转向、转速或电子式表的脉冲指示灯的闪速，初步判断计量装置的运行状态是否正常。

（2）检查计量方式的正确性与合理性。

（3）检查电流、电压互感器一次与二次接线的正确性。

（4）检查二次回路中间触点、熔断器试验接线盒的接触情况。

（5）核对电流、电压互感器的铭牌倍率。

（6）检查电能表和互感器的检定证书。

（7）检查电能计量装置的接地系统。

（8）测量一次、二次回路绝缘电阻，采用 500V 绝缘电阻表进行测量，其绝缘电阻不应小于 5MΩ。

（9）在现场实际接线状态下检查互感器的极性（或接线组别），并测定互感器的实际二次负载以及该负载下感器的误差。

（10）测量电压互感器二次回路的电压降。I、Ⅱ类用于贸易结算的电能计量装置中，电压互感器二次回路电压降不应大于其额定二次电压的 0.2%；其他电能计量装置中，电压互感器二次回路电压降不应大于其额定二次电压的 0.5%。

169. 三相三线电能表错接线判别方式都有哪些？

电能表错误接线的检查方法主要分为带电检查法和断电检查法两种。每种检查法的适用情况各不相同，具体检查过程如下：

（1）带电检查法。带电检查主要适用于两种情况：①在线路系统中没有伏安相位表，需要检测联合接线盒中的线路；②三相负载对称时，需要评估其功率因数。带电检查的对象是整个线路，检查步骤大致可以分为四步：①在电能表带电工作时，记录其转数，记录时间通常为 10s，记录仪器一般采用秒表。②以前面记录的转数为依据，再结合线路中电压的变化情况，计算出线路中的高压功率，再将测得的功率与实际功率作对比，就可以计算出功率误差，从而就能判断电能表中是否存在错误的接线方式。③在三相负载处于对称状态时，需要测量有功电表，以此来评估电能表的功率因数。在测量完有功电表后，需要断开联合接线盒与中间电压，再记录一定时间内电能表的转数。之后，还需要衡量一相和二相负载的电压，同时记录下电能表的示数，将电能表的正确接线方式作为依据，就能分析出示数是否是准确的。④以钳型电流表作为检查对象，测量 I_A 和 I_C 的准确性，与此同时，需要将电能表内的二相电流合并起来测试，并对测试结果进行处理。在完成处理工作后，读取电能表上的示数，如果示数与单独测试的数据一致，则说明电能表中的接线都是正确的。如果示数与单独测试的数据不匹配，则说明线路中存在错误的接线方式。

（2）断电检查法。在检查电能表接线方式是否正确时，用到断电检查的时候比较少。在断电检查中，需要将万用表作为最基础的检测工具，对线路中的电流和电压展开全面的检查。检查完后，需要分析电流互感器上呈现出来的一次侧极性情况，再将二次线圈作为比较对象，观察二次线圈的相位是否正确，这样就能判断电能表中是否存在错误的接线方式。

第三节　三相四线电能表错接线判别

》》》170. 三相四线电能计量装置接线形式有哪些？

据（DL/T 825—2002）《电能计量装置安装接线规则》规定："低压供电方式为三相者应安装三相四线有功电能表，高压供电中性点有效接地系统应采用三相四线有功、无功电能表。"

（1）电能计量点应设定在供电设施与受电设施的产权分界处。如产权分界处不适宜装表的，对专线供电的高压客户，可在供电变电站的出线侧出口装表计量；对公用线路供电的高压客户，可在客户受电装置的低压侧计量。

（2）低压供电的客户，负荷电流为 50A 及以下时电能计量装置接线宜采用直接接入式；负荷电流为 50A 以上时，宜采用经电流互感器接入式。

（3）三相四线制连接的电能计量装置，其 3 台电流互感器二次绕组与电能表之间宜采用六线连接。

（4）110kV 及以上的高压三相四线计量装置电压互感器二次回路，应不装设隔离开关辅助接点，但可装设熔断器。

（5）电能表应安装在电能计量柜（屏）上，每一回路的有功和无功电能表应垂直排列或水平排列，无功电能表应在有功电能表下方或右方，电能表下端应加有回路名称的标签，两只三相电能表相距的最小距离应大于 80mm，电能表与屏边的最小距离应大于 40mm。

（6）容量大于 50kVA 的客户应在计量点安装电能量信息采集系统，实现电能信息实时采集与监控。

计量接线图如图 6-5 所示。电能表的电流线圈与相线串联，电压线圈跨接在相线与零线之间，图 6-6 中黑点"·"是同名端，表示电流进出方向。电流 I 从"·"流进为"正"，电压可从"·"端指向另一端。

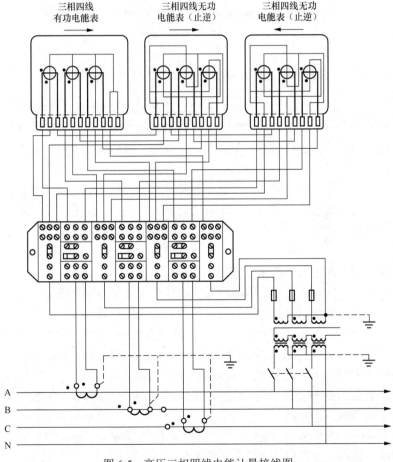

图 6-5　高压三相四线电能计量接线图

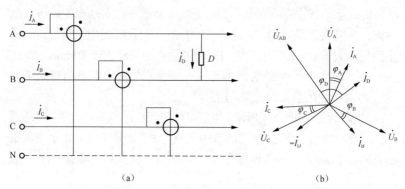

（a）　　　　　　　　　　　　　　　　　　（b）

图 6-6　三相四线电路不对称负载时有功电能的测量线路图及相量图

（a）线路图；（b）矢量图

▶▶▶ 171. 三相四线电能计量装置的运行有哪些注意事项？

（1）电能计量点应设定在供电设施与受电设施的产权分界处。如产权分界处不适宜装表的，对专线供电的高压客户，可在供电变电站的出线侧出口装表计量；对公用线路供电的高压客户，可在客户受电装置的低压侧计量。

（2）低压供电的客户，负荷电流为 50A 及以下时电能计量装置接线宜采用直接接入式；负荷电流为 50A 以上时，宜采用经电流互感器接入式。

（3）三相四线制连接的电能计量装置，其 3 台电流互感器二次绕组与电能表之间宜采用六线连接。

（4）110kV 及以上的高压三相四线计量装置电压互感器二次回路，不应装设隔离开关辅助接点，但可装设熔断器。

（5）电能表应安装在电能计量柜（屏）上，每一回路的有功和无功电能表应垂直排列或水平排列，无功电能表应在有功电能表下方或右方，电能表下端应加有回路名称的标签，两只三相电能表相距的最小距离应大于 80mm，电能表与屏边的最小距离应大于 40mm。

（6）容量大于 50kVA 的客户应在计量点安装电能量信息采集系统，实现电能信息实时采集与监控。

（7）安装在发、供电企业生产运行场所的电能计量装置，运行人员应负责监护保证其封印完好，不受人为损坏。安装在客户处的电能计量装置，由客户负责保护封印完好，装置本身不受损坏或丢失。

▶▶ 172.　三相四线电能计量装置常见的故障有哪些?

三相四线电能计量装置由三个单相元件计量三相四线制电路电能，因此在运行时应注意检查每个计量元件和电流电压互感器。其主要故障表现为：

（1）计量装置的电流、电压回路发生断路和短路，这样计量电量造成少计量或不计量。

（2）计量装置的电流、电压回路发生极性接反，这样就会造成某个计量元件反转，造成少计电量。

（3）计量装置的电流、电压回路发生错接线。这样的故障就要进行向量分析计算出正确电量。

（4）电流、电压互感器发生故障。例如：铭牌与实际铭牌不符，熔断器熔断，二次侧接线发生短路、断路，二次侧发生错接线等。这些故障就要具体问题具体分析，利用向量分析的方法，算出正确电量。

（5）计量装置本身发生的故障。例如：擦盘、卡字、潜动、超差、黑屏、死机等，这些非人为的因素造成的故障，供电公司应加强核查和检定，耐心与客户沟通解释，按照客户实际运行的情况，计算出合理的电量。

▶▶ 173.　三相四线电能计量装置故障排查关注的重点有哪些?

（1）外观检查。主要检查计量装置的铅封、铅印，计量柜（屏）的封闭性，电能表的铭牌、电能计量装置参数配置，电流、电压互感器的运行正常，一二次接线完好。注意观察表盘的转向、转速或电子式表的脉冲指示灯的闪速，初步判断计量装置的运行状态是否正常。

（2）接线检查。主要检查电流、电压连接导线是否破皮、松动、脱落，线径是否符合技术标准，是否有短路、断路、接线错接等现象。这就需要用到万用表、相位伏安表等仪表进行测量，运用向量分析的方法进行判断。

（3）互感器的检查。主要检查电流、电压互感器运行的声音是否正常，铭牌倍率与实际倍率是否相符，一二次接线是否连接完好，二次侧是否有开路、短路情况，一二次极性是否正确等。

（4）电能量采集系统的检查。按照国家电网有限公司要求，容量大于 50kVA 的客户应在计量点安装电能量信息采集系统。因此，为了保证电能量采集系统正常工作，应检查电能表 485 接口与电能采集系统的连接是否正常，采集系统的通道是否畅通，采集系统供电电源是否正常等。

▶▶ 174. 三相四线电能表错接线判别方式都有哪些？

电能表错误接线的检查方法主要分为两种：①带电检查法；②断电检查法。每种检查法的适用情况各不相同，具体检查过程如下：

（1）带电检查法。带电检查法主要适用于两种情况：①在线路系统中没有伏安相位表，需要检测联合接线盒中的线路；②三相负载对称时，需要评估其功率因数。带电检查的对象是整个线路，检查步骤大致可以分为四步：①在电能表带电工作时，记录其转数，记录时间通常为 10s，记录仪器一般采用秒表。②以前面记录的转数为依据，再结合线路中电压的变化情况，计算出线路中的高压功率，再将测得的功率与实际功率作对比，就可以计算出功率误差，从而就能判断电能表中是否存在错误的接线方式。③在三相负载处于对称状态时，需要测量有功电表，以此来评估电能表的功率因数。在测量完有功电表后，需要断开联合接线盒与中间电压，再记录一定时间内电能表的转数。之后，还需要衡量一相和二相负载的电压，同时记录下电能表的示数，将电能表的正确接线方式作为依据，就能分析出示数是否是准确的。④以钳型电流表作为检查对象，测量 I_A 和 I_C 的准确性，与此同时，需要将电能表内的二相电流合并起来测试，并对测试结果进行处理。在完成处理工作后，读取电能表上的示数，如果示数与单独测试的数据一致，则说明电能表中的接线都是正确的。如果示数与单独测试的数据不匹配，则说明线路中存在错误的接线方式。

（2）断电检查法。在检查电能表接线方式是否正确时，用到断电检查的时候比较少。在断电检查中，需要将万用表作为最基础的检测工具，对线路中的电流和电压展开全面的检查。检查完后，需要分析电流互感器上呈现出来的一次侧极性情况，再将二次线圈作为比较对象，观察二次线圈的相位是否正确，这样就能判断电能表中是否存在错误的接线方式。

175. 带电检查接线有哪些步骤？

（1）测量各相电压、线电压。用电压表在电能表接线端钮处测量接入电能表的各线电压、相电压，其各线电压或相电压的数值应接近相等。若各线电压或相电压数值相差较大，说明电压回路不正常。

（2）测量电能表接线端子处电压相序。利用相序指示器或相位表等进行测量，以面对电能表端子，电压相位排列自左至右为 A，B，C 相时为正相序。

（3）检查接地点。为了查明电压回路的接地点，可将电压表端钮一端接地，另一端依次触及电能表的各电压端钮，若端钮对地电压为零，则说明该相接地。

（4）测定负载电流。用钳形表依次测每相电流回路负载电流，三相负载电流应基本相等。若有异常情况可结合测绘的相量图及负载情况考虑电流互感器极性有无接错，连接回路有无断线或短路等。

（5）检查电能表接线的正确性。前面的四项检查还不能确定电流的相位及电压与电流间的对应关系，目前可采用相位伏安表检查电压与电流的相位，通过向量分析的方法，检查电能表的接线是否正确。

176. 互感器的错误接线都有哪些？

（1）电流互感器的错误接线。

1）电流互感器 V 形接线，a 相绕组接反。如图 6-7 所示，a 相、c 相都是相电流，公共线是 3 倍相电流。同理，若 c 相绕组接反，a 相、c 相都是相电流，公共线是 $\sqrt{3}$ 相电流。所以，实际进行接线检查时，在电流互感器的二次侧用钳形表测量，若发现有两相电流几乎相同，另一相电流等于该电流的 3 倍，可以判断 V 形接线电流互感器二次侧 a 相或 c 相某一相绕组接反。

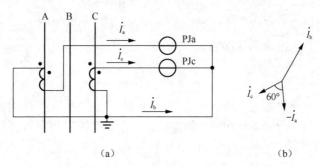

（a） （b）

图 6-7 相绕组极性接反时的原理接线图和相量图

2）电流互感器 Y 形接线，a 相绕组接反。如图 6-8 所示，a 相、b 相、c 相都是相电流，公共线 2 倍相电流。同理，若 b 相绕组接反，a 相、b 相和 c 相都是相电流，公共线是 $\sqrt{2}$ 倍相电流；若 c 相绕组接反，a 相、b 相和 c 相都是相电流，公共线是 2 倍相电流。所以，实际进行接线检查时，在电流互感器的二次侧用钳形表测量，若发现有三相电流几乎相同，另一相电流等于该电流的 2 倍，可以判断 Y 形接线电流互感器 a 相、b 相或 c 相某一相绕组接反。

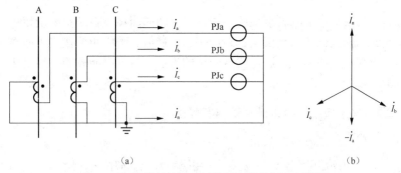

（a） （b）

图 6-8 相绕组极性接反时的原理接线图和相量图

（a）原理接线图；（b）相量图

（2）电压互感器的错误接线。

1）电压互感器一次侧断线，如图 6-9 和图 6-10 所示。

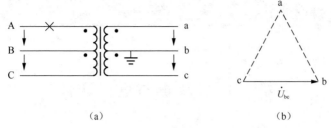

（a）　　　　　　　　　　　（b）

图 6-9　电压互感器为 V/v 接线，A 相断线示意图

（a）原理接线图；（b）二次相量图

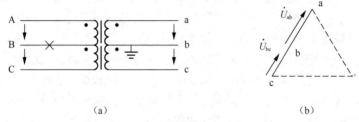

（a）　　　　　　　　　　　（b）

图 6-10　电压互感器为 V/v 接线，B 相断线示意图

（a）原理接线图；（b）二次相量图

2）电压互感器二次侧断线，如图 6-11 所示。

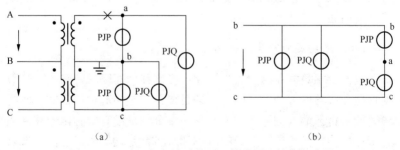

（a）　　　　　　　　　　　（b）

图 6-11　二次 a 相断线时的原理接线图和等值电路图

（a）原理接线图；（b）等值电路图

注意，电压互感器一次侧断线，二次侧电压值与电压互感器接线形式（V 形、Y 形）有关。电压互感器二次侧断线，二次侧电压值与电压互感器接线形式（V 形、Y 形）无关，与二次侧接入负载有关。

第七章

新型现场校验技术

第一节 区块链与电能计量

➤➤ 177. 什么是区块链技术？

区块链，就是一个又一个数据区块组成的链条，每一个区块中保存了一定的信息，它们按照各自产生的时间顺序连接成链条。这个链条被保存在所有的服务器中，只要整个系统中有一台服务器可以工作，整条区块链就是安全的。这些服务器在区块链系统中被称为节点，它们为整个区块链系统提供存储空间和算力支持。如果要修改区块链中的信息，必须征得半数以上节点的同意并修改所有节点中的信息，而这些节点通常掌握在不同的主体手中，因此篡改区块链中的信息是一件极其困难的事。相比于传统的网络，区块链具有两大核心特点：一是数据难以篡改；二是去中心化。基于这两个特点，区块链所记录的信息更加真实可靠，可以帮助解决人们互不信任的问题。

➤➤ 178. 区块链能解决什么问题？

（1）云端数据存储的去中心化：目前移动互联网带来了云端数据存储和服务的大爆发。但这一切目前依然是中心化的模式。而区块链能够将云端数据存储去中心化。整个网络没有中心化的硬件或者管理机构，任意节点之间的权利和义务都是均等的，且任一节点的损坏或者失去都不会影响整个系统的运作。因此也可以认为区块链系统具有极好的稳定性。

（2）去信任化：参与整个系统中的每个节点之间进行数据交换是无需互相信任的，整个系统的运作规则是公开透明的，所有的数据内容也是公开的，因此在系统指定的规则范围和时间范围内，节点之间是不能也无法欺骗其他节点。

（3）打破信息不对称：我们会发现许多传统业务的生意都是基于信息不对称。比如房地产开发商，利用了土地成本和销售价格之间的信息不对称。商店里的零售商品，也有很多基于价格的信息不对称。

》》179.　区块链与电能计量有什么联系？

区块链独有的特性与计量行业要求的可靠性、溯源性、公正性等特点有很多相融之处，将区块链技术应用于计量行业，对提高工作效率，提升工作水平，促进监督管理和开展计量服务，具有十分积极的现实意义。

（1）计量仪表与区块链相结合。随着新一代互联网技术的快速发展，计量仪表也不再仅仅作为单一的计费仪器仪表，而是向智能化和多元化发展，这不仅符合市场需求，而且符合时代发展潮流。将区块链技术与计量仪表相结合，可为计量数据的准确可靠提供保障，为智能化多元化发展提供助力。

目前，分布式能源飞速发展，大量分布式可再生能源加入，而且随着电动汽车的普及和户外充电设备飞速发展，分布式能源的计量和交易将会成为主流。因此，目前的电网中心化控制和电能表数据统一收集的方式将会面临巨大挑战。传统的智能电能表无法满足分布式能源的计量需求。将智能电能表与区块链相结合，其分布式结构可以对分布式可再生能源的电量进行收集、交易和记录，解决分布式能源的计量需求。使分布式智能微电网的电量能够计量、交易和记录，分布式的发电侧与用电侧通过区块链智能电能表作为交易收费的依据，使微电网在经济上更为可行。

（2）计量检定与区块链技术相结合。计量检定结果的可信与公正时常遭到质疑，而现有手段无法为检定过程提供充足的法律依据。将计量检定与区块链技术相结合，将检定过程的照片或视频、检定数据、检定时间和检定结论等存储在区块链中，永久保存，无法篡改，保障了计量检定结果的公正可信。

（3）计量管理平台与区块链相结合。目前，多数计量检定机构的管理平台使用互联网的云服务平台搭建,使用中心化的服务器。一旦中心化服务器遭到病毒攻击,或者不可抗力的外界因素导致损坏,那么平台上的所有数据都将面临丢失的风险,造成的后果不敢想象。如果将管理平台与区块链相结合,因其分布式存储的特点,纵使某一节点遭到破坏,其他节点也可以照常运行,不会对系统运行造成影响。因此可以将数据丢失的风险降低为零。

(4)计量仪器防伪与区块链相结合。利用区块链技术,将计量仪器制造信息进行上链存储,将查询密钥制作成唯一性的区块链信息标识码,购买者通过扫码能够查询计量仪器的生产、物流、销售等全流程信息,以验证购买的计量仪器的真伪。区块链技术的出现,为计量仪器的防伪溯源提供了一种新的方式,尤其是在不法商贩大量复制原装计量仪器标识码、以假乱真的情况下,借助区块链防伪溯源技术,可以有效遏制制假卖假的行为。

(5)计量监督管理与区块链相结合以往计量监督管理主要依靠人工流程,依靠严格制度,会产生高昂的成本问题,在追溯过程中也很难做到精准问责。通过区块链技术,可以将以前靠人工识别、带有主观色彩的环节去掉,极大降低计量的成本,保证计量数据的不可篡改和可追溯,给计量行业带来正面积极影响。

区块链与电能计量相结合,为新一轮工业革命提供强有力的保障。目前人工智能、大数据、物联网等技术飞速发展,可以预见新一轮的工业革命将会是以智能制造、信息互联为主要特征。区块链技术的出现,解决了智能制造、信息互联中出现的各种数据安全问题、信任问题,将新一轮的工业革命提到新的高度。国家的计量管理能效得到显著提升。区块链技术与计量的结合,为保障数据准确可靠、防止数据随意篡改,维护市场的公平公正提供了更强大的技术支撑。将为人们生活中息息相关的贸易结算、安全防护、环境监测、医疗卫生等提供更加有力的保障,也为社会的诚信建设打下坚实的基础。

第二节　电能表远程校准

▶▶▶ 180. 传统的电能计量装置如何开展校准监测？

传统的电能计量装置校准方式需要工作人员到安装现场进行实地校验，此种方式存在时效性差，耗费人力、物力多的缺陷。同时，因无法对电能计量数据进行实时监控和记录，用电过程中的一些潜在问题难以被发现。此外，传统的电能计量装置校准方法在开展工作时，需要将电能表现场校验仪的接线端子接入待测电能表，重复地将接线端子松开拧紧，会改变电能表和现场校验仪接头部件的阻值，进而影响计量精准度。

▶▶▶ 181. 电能表误差远程在线校准技术是如何实现的？

传统的电能表现场校准需要将专门的校验仪接入电能表线路，过程繁琐复杂，耗费人力、物力较多，对电力用户的正常用电也有一定干扰。电力公司一直致力于寻求一种远程在线误差校准方法，以期实现电能表运行误差的在线、实时、准确监测。

电能表在线运行误差矩阵求解法（简称矩阵求解法）是目前逐步推广使用的电能表误差远程校准方法，矩阵求解法以同一变压器所属的供电台区为计算样本，根据能量守恒定律，即台区总表单位时间用电量等于台区所有分表单位时间用电量之和，以分表误差为未知量构建误差数学模型。

$$y(i) = \sum_{j=1}^{P} \phi_j(i)\left[1 - \varepsilon_j(i)\right] + \varepsilon_y(i)y(i) + \varepsilon_0(i)$$

式中：$y(i)$ 为台区第 i 个周期用电量；p 为台区用户数；ε_j 为第 j 个用户的电能表运行误差；$\phi_j(i)$ 为第 j 块表第 i 个周期用电量；ε_y 为台区线损率；ε_0 为其他台区固定损耗。

该模型基于供电台区拓扑结构构建总分数学关系，即

台区总表供电量=各分表实际用电量之和+线路损耗+台区固定损耗，台区拓扑关系如图 7-1 所示。

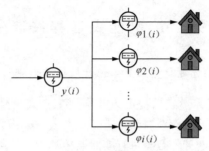

图 7-1　台区拓扑关系图

当台区累积到了 N 个周期的数据后，可由上式得到 $N{-}M{+}1$ 个方程组。

$$\begin{bmatrix} \dfrac{\overline{\Delta y}(1)}{\overline{y}(1)} \\ \dfrac{\overline{\Delta y}(2)}{\overline{y}(2)} \\ \vdots \\ \dfrac{\overline{\Delta y}(n)}{\overline{y}(n)} \end{bmatrix} = \begin{bmatrix} \dfrac{1}{\overline{y}(1)} - \dfrac{\overline{\phi}_1(1)}{\overline{y}(1)} - \dfrac{\overline{\phi}_2(1)}{\overline{y}(1)} \cdots - \dfrac{\overline{\phi}_p(1)}{\overline{y}(1)} +1 \\ \dfrac{1}{\overline{y}(2)} - \dfrac{\overline{\phi}_1(2)}{\overline{y}(2)} - \dfrac{\overline{\phi}_2(2)}{\overline{y}(2)} \cdots - \dfrac{\overline{\phi}_p(2)}{\overline{y}(2)} +1 \\ \vdots \quad \vdots \quad \vdots \cdots \quad \vdots \quad \vdots \\ \dfrac{1}{\overline{y}(n)} - \dfrac{\overline{\phi}_1(n)}{\overline{y}(n)} - \dfrac{\overline{\phi}_2(n)}{\overline{y}(n)} \cdots - \dfrac{\overline{\phi}_p(n)}{\overline{y}(n)} +1 \end{bmatrix} \begin{bmatrix} \varepsilon_0 \\ \varepsilon_1 \\ \varepsilon_2 \\ \vdots \\ \vdots \\ \varepsilon_p \\ \varepsilon_y \end{bmatrix}$$

根据已知的台区周期用电量 $y(i)$、$\phi_j(i)$ 解矩阵方程即可求出未知量台区下电能表运行误差 ε_j、台区线损率 ε_y 和台区固定损耗 ε_0。

矩阵求解法的有效计算应满足以下工程应用前提：

（1）误差计算周期内台区户变拓扑关系明确，电能表档案信息无变动或变动可控。

（2）误差计算过程中，电量信息累积周期数应大于等于台区下电能表数量，矩阵方程才能有解。

（3）所测台区总表误差值应确保准确，应使用高准确度等级的校验设备测量台区总表误差值。

（4）台区固定损耗在计算周期内变化不大。

（5）矩阵求解法得出的电能表误差、台区线损率、台区固定损耗值均为计算周期内的平均误差值。

矩阵求解法可以实现电能表运行误差的在线、实时、准确监测，可以对在网运行的每一只电能表进行在线诊断，发现计量功能异常，及时进行"失准更换"。同时，可以运用大数据分析手段，对全量在网运行电能表的计量误差变化趋势进行研判，防止大规模、集中性、批量化电能表故障的发生。

第三节　IR46 标准下的新一代电能表

▶▶ 182. 什么是"双芯"智能电表？

在智慧城市和物联网的推动下，智能电表的升级步伐一直就没有停歇过。早在 2017 年，国家电网公司就提出过"双芯"智能电表的研发。从 2019 年开始，包括国家电网公司在内的多个行业相关方密集讨论了有关下一代智能电表的技术、功能、标准等细则。2020 年 8 月份，国家电网公司出台了智能电表新标准 IR46，有望推动现有电表的升级改造和存量大规模轮换。

中国的电能表经历了机械式电表、普通电子式电表、预付费电表、智能电表四代的发展，下一代智能电表将在传统的计量业务之外，搭载更多的功能，可实现系统内业务（运维支撑、计量、有序用电管理）和泛在业务（全域电气消防、新能源接入、能效管理、水气数据采集、居室防盗、储能管理、其他应用等）。目前，我国 2010～2017 年投运的电表已开始进入密集更换时期。2021 年，国网智能电表招标量达到 6720 多万台，较 2020 年增长 29%。

IR46 新标准取消了不带通信模块、电池不可换的表型，同时增加通信（无线、蓝牙）、遥控（部分将增加微型断路器）等功能与要求。新电表不仅有计量功能，还需要支持一些管理功能。基于 IR46 理念的"双芯"智能电表，要求新一代智能电表采用"计量芯"和"管理芯"的双芯模式。

国家电网公司提出，2021 年初步建成泛在电力物联网，第二阶段到 2024 年建成泛在电力物联网。感知层是泛在电力物联网的基础层和数据源，对发电、输电、变电、配电、用电等多个能源体系环节实现全面感知，进行精细化管理，便于定点监控，以提高新能源消纳、发电效率、工商业用户用能效率,加快实现电器和家电制造商节能降耗。电网智能化与信息化对电表等终端提出了新的要求和挑战。

　　智能电表是典型的感知层终端,是故障抢修、电力交易、客户服务、配网运行、电能质量监测等各项业务的基础数据来源。双芯的设计实现了电能计量与电能管理在硬件上的分离,这为未来新需求下软件升级留足了操作空间。新一代智能电表在保证基本计量功能稳定、准确、可靠的前提下,从技术角度进行增强,增加了更多的灵活性、安全性以及可扩展性,以此来满足智能设备的接入,实现设备数据的感知、采集和控制功能,从而不断适应能源互联网的建设需求以及日益多样化的服务需求,从多个方面提供了强有力的大数据支撑。新一代智能电表对用电信息进行精细化分解,提升用户安全智慧用电水平,指导用户科学有序用电、节电,跟进国家在低碳环保、节能减排的整体方针,促进用户与电网的友好互动。

183. 新一代智能电表有哪些特点?

　　未来的智能电表已远非现在的模样,它更像个小型电脑,更加智能,有更多的存储、通信和感知、监测和管理能力,可归纳为以下特点:

　　(1)对大容量存储的需求激增。每个独立的模组都需要分配相应的存储空间,保存关键计量数据,能够存储长达一年的分钟级计量数据。

　　(2)实现低功耗与高性能的平衡。随着智能电表的功能增多,势必会需要更高性能的控制芯来处理这些功能,但是智能电表的基数如此之大,对于低功耗性能同样也需要严格要求,以期实现高性能与低功耗之间的平衡,实现节能减排的要求。

　　(3)支持更多样化的无线通信技术。除了以往常用的 RS485,CAN 等有线通信,还增加了更多的无线物联网通信技术,增强了智能电表的实时数据处理和传输能力,能够更好地实现能耗分配优化。

　　(4)拥有对用电异常感知的监测功能,增加了更多的传感器来实现对电网、电表以及用电的异常事件的故障定位、主动上报功能。

▶▶ 184. IR46 标准智能电表的未来前景如何？

基于 IR46 标准的智能物联电能表升级需求将成为智能电表市场未来扩容的主要驱动力。2016 年，国家电网公司发布了《基于 IR46 理念的"双芯"智能电能表设计方案》，借鉴 IR46 标准设计理念，采用双芯模组设计方案，研究新一代智能电表技术。目前我国智能电表均采用 IEC 标准，与之相比，IR46 标准在计量误差要求、功率因素、环境适应性、谐波影响、负载平衡等方面均有更高要求，也是国际法制计量组织（OIML）成员国的通用标准。我国智能电能表从 IEC 标准向 IR46 标准发展，不仅可以满足国家智能电网的建设需求，也能支持我国智能电表企业拓展海外市场，进一步拓宽我国智能电表的海外市场空间。IR46 标准的实施，是国网智能电表系列企业标准的重大改变，深刻影响了国网新一代智能电表设计方案的制定、样表的开发与试用改进。2020 年 8 月，国家电网公司发布了在设计上完全遵照 IR46 标准并采用模组化设计、下一代智能物联表所适用的《单、三相智能物联电能表通用技术规范》，并于同年开启了智能物联表的小规模试点。2020、2021 年和 2022 年上半年，国家电网公司分别试点招标智能物联表 1.95 万只、13.05 万只和 79.74 万只，招标量呈快速增长趋势。截至 2021 年末，国家电网公司针对智能物联表开发的通用软件系统平台尚未定版，因而国家电网公司针对智能物联表也尚未形成统一的检验标准，同时大批量招标的开启时间也尚未确定。但是，基于目前招标的过渡版本 2020 标准表在设计上已经逐步向 IR46 标准靠拢，完全基于 IR46 标准涉及的智能物联表的全面推行和替换已成为必然趋势。未来，随着符合 IR46 标准的新型智能电表技术规范的落地以及产品检验和批量招标工作的有序推进，单位价值更高的智能物联表的招标占比将快速提升，我国智能电表的市场空间有望进一步扩大，而相应的单位价值更高的物联表计量芯和管理芯的市场容量也将快速提升。

第四节 电子式电流互感器浅析

>> 185. 什么是电子式电流互感器？

电子式电流互感器罗氏线圈通过无铁簧线圈骨架，感应微电压、电流信号用于电流测量，直接与微机保护连接，无需像传统 1A 或 5A 二次电流需要变流处理后才能够给微机保护使用，微电压信号直接转换成需要的数字信号，方便于处理。电阻分压、电容分压电压传感器体积小，同样感应低电压信号，直接用于测量、保护，无需变压，非常方便。在一二次融合柱上开关中已广泛使用，合理设计解决了绝缘问题后，安装在柱上开关气箱内部，大大地缩小了开关整体尺寸。

罗氏线圈除了体积小，安装方便外，还有很多好处，一是不采用铁芯，可以实现全范围电流测量从几十安到几千安培，无需更换，无磁饱和现象，不用担心二次开路危险等等，相比于传统环氧浇铸型电流互感器，体积减少90%，重量减少95%以上，大大地节省了空间，以及环氧树脂等热固性、无法回收利用的材料使用，低碳环保。电压传感器做成绝缘件形式，实现了功能的整合。

电子式互感器的诞生是互感器传感准确化、传输光纤化和输出数字化发展趋势的必然结果。它具有体积小、重量轻、频带响应宽、无饱和现象、抗电磁干扰性能佳、无油化结构、绝缘可靠、便于向数字化、微机化发展等优点。相较于传统的电流互感器，电子式电流互感器通常具有更高的带宽，适用于谐波含量较大电流的基波及谐波测量。为了准确测量功率，还可以采用电压、电流组合式电子式互感器，因为组合式电子式互感器可以更好地控制电压电流信号的相位差，提高功率测量的准确度。无论什么样的电子式传感器，其重要价值已经被认识和利用。

电子式电流互感器中的空心线圈，往往由漆包线均匀绕制在环形骨架上制成，骨架采用塑料、陶瓷等非铁磁材料，其相对磁导率与空气的相对磁导率相同。电子式电流互感器一次传感部分采用了罗氏线圈的原理，它由罗哥夫斯基线圈、积分器、A 转换等单元组成，将一次侧大电流转换成二次的低电压模拟量输出或数据量输出。电子式电流传感器不使用铁芯，使用了原理上没有磁饱和的罗氏线圈。罗氏线圈实现了与二次电流的时间微分成比例的二次电压，将该二次电压进行积分处理，获得与一次电流成比例的电压信号。

电子式互感器在二次回路中采用模拟积分和数字积分技术，通过数字运算，并利用去除直流偏置回路和不完全积分器的技术，有效地抑制了因直流偏置使积分值飞快增大的关键技术难题。确保了作为叠加值汇分量的电流信号的真实反映，电流互感器将不完全积分器控制在一个适当的数值内。在二次回路也有抑制雷电过电压和操作电压的措施，提高了互感器的耐冲击特性。电源供给方式采用独特的电磁兼容设计技术，使新型互感器抗干扰能力得到增强，能高效可靠工作。

在计量运行过程中，线路电流变化很大，线路电压过高，计量或保护装置难以与一次设备直接连接，开展计量工作需先对电流进行转换，电流互感器则负责将一次大电流转换为二次小电流，在计量运行中发挥着重要作用。

绿色智能数字变电站，采用电子式互感器、光纤信号传输及计算机处理系统，避免了传统互感器绝缘结构复杂、体积偏大、容易饱和的缺点。同时，新的技术体系使变电站具有节地、节能、节材节水和保护环境等特点，并可支持升级改造现有电网，有效地提高了电网的安全性、经济性和节能环保水平。总的来说，现代科技水平给人们的生活创造了很多便利。

电子式电流互感器以其优越的性能、适应了电力系统数字化、智能化和网络化发展的需要，并具有明显的经济效益和社会效益，对于保证日益庞大和复杂的电力系统安全可靠运行并提高其自动化程度具有深远的意义。

186. 电子式互感器的在线校验与传统的校验相比有什么区别?

目前电子式互感器的校验均为离线式校验，使得现场校验时的工作效率较低，在线校验可以提高和完善电子式互感器的性能检测以及提高监测工作效率。在运行中定时在线校验，不仅可以提前预防事故的发生并降低企业损失，还提高了整个变电站的运行稳定性和可靠性。电子式互感器在线校验技术相比离线状态下更加具有优势：

（1）在不断电的情况下，监测数据和误差校验，减少损失，高效运转。

（2）为其他互感器提供参数。

（3）数据还可以支持之后的数字式电能表的安全有效运行。

（4）针对性维护，电子式电流互感器利用率大大增加。

（5）产品可靠性增加，全面的故障分析可以提供有效的反馈。

传统的电磁式是在不需要实时进行监测的情况下校验，因为其原理颇为简单，已经具有成熟的运行经验。但是在数字化变电站中，主要是针对电子式互感器的误差测量来实现。标准电流数据被采集和传输是在线校验的主要方式，即输出的数据与标准通道的数据进行对比和校验，即可得到误差和运行时的状态量。

标准电流通道、被校验电流通道及校验平台三部分形成在线校验的主要系统，与离线校验的区别如下：

（1）操作流程不同。离线校验方法简单，而在线校验需要绝缘高压以确保工作人员的人身安全。

（2）校验算法不同。模拟小电压信号和数字信号是电子式互感器输出的两种形式，这两种输出形式和传统的电磁式互感器有很大的区别，需要研究与之相匹配的新校验方法才能使整个系统高效运行。

第五节 计量数字化转型

≫ 187. 计量数字化转型是什么？

计量数字化转型是指使用数字技术对计量活动全流程进行升级以满足业务、市场在信息化方面不断增长的需求。计量数字化转型是计量产品和服务创新发展的现实需求，是传统计量技术、方法和管理向数字化转型的过程。国务院印发的《计量发展规划（2021—2035 年）》明确提出要创新智慧计量监管模式，积极打造新型智慧计量体系，鼓励计量技术机构建立智能计量管理系统，打造智慧计量实验室，提升质量控制与智慧管理水平。

188. 国际计量组织开展了哪些计量数字化工作？

2018 年，国际计量委员会 CIPM 制定《CIPM 战略 2030+》并成立数字化国际单位制工作组（Digital-SI），工作组致力于同质量基础设施领域的所有参与方密切合作，开展工业计量、法制计量、科学计量的数字化转型工作，使用数字化国际单位加快全球计量数字化转型进程。

国际计量组织 BIPM 和国际法制计量组织 OIML 将实现数字化目标的过程将分为两步：一是促进计量各项活动和服务的数字化转型；二是在此基础上为测量领域的所有用户提供支持，将数字技术和实践引入技术标准和技术法规。

2021 年，国际法制计量组织 OIML 成立数字化任务组 DTG，负责组织开展有关数字化转型的研究工作，以支持法制计量流程和服务的数字化转型，同时成立支持 OIML 文件机器可读性的 OIML 小组。

2022 年，OIML、BIPM、国际计量联合会、国际科学理事会及其数据委员会、国际电工委员会 IEC、国际实验室认可合作组织 ILAC 和国际标准化组织 ISO 签署关于国际科学和质量基础设施数字化转型的联合意向声明，支持国际单位制数字框架的开发、实施和推广，推进国际科学和质量基础设施更广泛的数字化转型。

189. 计量数字化有哪些典型技术？

（1）数据自动采集技术。从计量设备上实时采集数据是实现计量检测数字化功能的前提。数据自动采集有以下两种方式：

1）将仪器设备的串口通过数据线接入数据采集装置，实时数据可以依靠动态链接库进行采集并通过通信串口传输。

2）检测过程中如果不具备串口等数据接口传输的条件，可以通过图像识别技术进行采集。计算机对识别采集到的图像，基于智能算法进行识别、分析和处理，针对不同类型的计量仪器仪表开发定制化的人工智能算法，用于提取计量仪器仪表显示出的测量数据。通过对数据进行特征提取，即可实现测量数据的数字化。

（2）人工智能和物联网技术。为实现计量全流程数字化转型，人工智能技术和物联网技术成为不可或缺的关键基础技术。通过智能传感器、无线或有线通信技术，将计量仪器仪表、控制平台、数字化管理平台等不同设备系统进行互联互通，实现实时数据交互。同时，应用人工智能技术，搭配智能传感器实现计量仪器仪表运行状态的准确评估，并按照数字化管理平台下达的工作任务，控制计量仪器仪表的工作状态，并对计量仪器仪表的测量结果进行上传、分析和处理，生成相关的实验结果和实验报告。